여행, 잘 먹겠습니다 2

② 미식여행가 신예희가
우리나라에서 낯선 음식 즐기는 법

여행, 잘 먹겠습니다

글·그림·사진 **신예희**

이덴슬리벨

우리동네에서 만나는 세계의 먹자골목으로

마음을 바꿀 수 있다면, 당신은 아직 젊은 것이다. 그리고 마음을 바꾸는 가장 쉬

운 방법은 전에 한 번도 먹어본 적 없는 음식을 먹는 것이다.

더 희한한 음식을 먹어볼수록 당신의 지평은 더 넓어질 것이다.

-케빈 켈리,《기술의 충격》의 저자

그런데 꼭 이렇게 근사한 이유가 아니어도 상관없습니다. 새롭고 신기한 먹을거리 탐험은 그냥 그 자체로 즐거우니까요! 갈 만한 곳 발굴하기, 놀 만한 곳 찾아내기, 요거 고민이지 않나요? 친구들을 만날 때도, 회식 장소를 잡을 때도, 동호회 모임을 가질 때도, 알콩달콩 데이트를 할 때도 아아, 이젠 너무나 빤하다는 게 문제. 술 한잔하고 노래방에나 갈까? 카페에 가봤자 언제나처럼 각자 스마트폰만 들여다보겠지? 극장에 가면 두어 시간은 때울 수 있을 것이고 나와서는 백화점이나 한 바퀴 쭉 돌아보고……. 그런 것 다 하고 나면 이젠 뭐하지?

어릴 적엔 어리기 때문에, 나이 들어선 나이 들었기 때문에 갈 곳, 놀 거리가 없다는 이 처량한 현실. 사방팔방 물어도 보고 인터넷도 뒤져가며 여기저기 찾아봐도 그 나물에 그 밥이라면 아예 밥상을 싹 갈아보자구요. 가깝거나 때론 살짝 먼 다문화 거리로의 나들이!

먹는 것 좋아하지, 여행 좋아하지, 신기한 음식이다 싶으면 일단 입에 넣고 우물우물해봐야 직성이 풀리지……. 저 같은 사람에겐 다문화 거리는 놀이공원이나 다름없습니다. 길게 늘어선 노점들, 외국어 간판이 붙어 있는 식당들. 그곳에서 만나는 음식 한 접시 한 접시에 각각의 길고 짧은 얘깃거리가 가득합니다. 때로는 이건 대체 무슨 맛이냐며 기겁하기도 하고 때로는 접시의 영혼까지 핥아먹을 기세로 열광하기도 합니다. 그렇게 서서히 넓어지고 깊어지는 경험들! 이 새롭고 재미난 이야기들을 모두에게 소개하고 싶은 마음이 불끈!

때로는 다문화 거리, 다문화 가정을 향한 불편한 시선을 만나기도 합니다. '열린 마음'이라는 좀 거창하고 간지러운 표현은 접어두고 그저 이런 곳도 있구나 하며 그 다름을, 차이를 흥미롭게 받아들이면 어떨까요. 틀린 것이 아니라 다르다는 것, 달라서 재미있다는 사실을요. 세상 다 똑같으면 무슨 재미래요? 이곳에선 제가 이방인이니 낯설음도 느껴보고 그러는 거죠 뭐. 수십 차례의 외국 배낭여행을 통해 배운 것이 있다면 이름도 모르는 많은 사람들의 호의 덕분에 즐겁게, 그리고 무사히 여행을 마치고 집으로 돌아올 수 있었다는 사실입니다. 공기 중에 둥실둥실 떠다니는 따스한 호의, 눈에는 보이지 않지만 저를 비롯한 수많은 이방인들을 부드럽게 감싸주던 따뜻한 마음이 없었다면 지난 시간들이 무척 차갑고 쓸쓸했을 거예요. 또 깊숙이 다가가지 못하고 겉에서만 빙빙 맴돌다 돌아와야 했겠지요.

새로운 식재료에, 톡 쏘는 향신료에 깜짝깜짝 놀라면서도 기꺼이 수많은 골목을 돌아다니며 오만 가지 음식에 함께 도전해준 박한준 씨에게 깊은 감사를 드립니다.

다 먹어주마
가보자! 재미난 똥네들~
필리핀 벼룩시장이다!
열대과일도 사고
재밌난 구경도 하고
달콤한 월병이랑
중국차가 땡기는 날♡
오향장육
먹을거야
명동
관챈루에
가야죠~
이슬람의
향기를
느껴볼텨?
명동
이태원
역시 이태원
대곡
불광
DMC
가좌
시청
을지로
서울역
공덕
삼각지
당산
계양
온수
천산
구로
신도림
대림
가산디지털단지
남구로
달콩과자
거대꽈배기
맛나구나~
아흥♡
연변타운의
끝을 보여주는
그곳!!
우와~
입찢어지는
햄버거!
원조 자장면!
원조 탕슉♡
맛난것
재밌난것
금정
수원
인천
차이나타운에
다 있거든요~
맛난
돼지고기 요리랑
닭고기 요리가 가득
8

네팔음식은~ 동대문역이죠~
완전 맛나♡
저렴한 홍차랑 향신료 쇼핑도
TEA
몽골음식~ 우즈베키스탄음식 러시아 음식까지 ???
이 동네 대박인데?
아프리카 음식을 먹어볼텨?
자양동 양꼬치 골목!! 맛있어으악!!
꿔바로우도 마파두부도
맥주도
캬~
평택 미군부대앞 최고의 명물!!
다문화거리의 대표 주자! 안산으로 가느냐~
전세계 음식들이 다 모였네
조용하고 맛난것 많은 정왕동에 가느냐
YEAH!
여행가는 기분!
간김에 둘다가지요 ㅎㅎ
도봉산
회룡
노원
광운대
망우
대입구
회화
동대문
문화사문화공원
충무로
청구
군자
건대 입구
강동
압구정 로데오
잠실
교대
강남
선릉
합운동잠
가락
수서
모란
기흥
정자
송탄
정왕
안산

CONTENTS

이태원 Itaewon

외국인들이 많은 동네, 외국 물건 쇼핑하기 좋은 동네, 다양한 외국 음식 사 먹기 좋은 동네 하면 제일 처음 떠오르는 곳은 역시 이태원이다. 지금이야 서울 곳곳에, 그리고 수도권 여기저기에도 크고 작은 외국인 거리가 알게 모르게 꽤 많이 조성되어 있지만 그래도 원조는 역시 이태원! 좀 노는 언니 오빠들이라면 입어줘야 한다는 커다란 힙합 티셔츠와 바지, 블링블링 액세서리 쇼핑을 하러 친구랑 둘이 손 꼭 잡고서 바짝 긴장한 채 두근두근 첫 이태원 나들이를 했던 기억이 새록새록 떠오른다.

매콤 얼얼한 달 타르카

달달한 중동과자

돼지고기는 잠시 안녕 – 이태원 이슬람 거리

외국인들이 많은 동네 하면 제일 처음 떠오르는 곳은 역시 이태원이다. 지금이야 서울과 수도권 여기저기 크고 작은 외국인 거리가 알게 모르게 꽤 생겼지만 그래도 원조는 역시 이태원! 패션을 아는 언니 오빠들이라면 꼭 입어줘야 한다는 커다란 힙합 티셔츠와 바지, 블링블링 액세서리 쇼핑을 하러 친구랑 둘이 손 꼭 잡고서 바짝 긴장한 채 두근두근 첫 이태원 나들이를 했던 기억이 새록새록 떠오른다.

그게 1990년대 중반이니 아휴, 시간이 참 빠르다. 당시만 해도 이 동네에서 마주치는 외국인들은 으레 미군이나 그 가족들이었고 길거리 노점이며 상점의 수입 물건들도 전부 미제 일색이었는데 최근 용산 미군부대의 경기도 평택 이전이 결정되면서 이태원 곳곳을 활보하던 미군의 수도 급격히 줄어들었다. 상대적으로 이태원을 메운 사람들의 국적도, 인종도 슬슬 다양해지기 시작해 예전과는 사뭇 다른 분위기로 변하고 있다. 시간이 갈수록 점점 더 재미있어지는 곳, 1997년 서울의 첫 번째 관광특구로 지정된 그곳 이태원으로 출발!

다양한 사람들이 미군의 빈자리를 메우고 있지만 그중에서도 무슬림의 세력

고지가 눈앞에! 이슬람 사원으로 어서 가봅시다!

확장이 유난히 눈에 띈다. 무슬림, 즉 이슬람교 신자라고 하면 으레 중동 사람인가보다 생각하기 쉽지만 아랍 국가 외에도 아프리카, 우즈베키스탄, 키르기스스탄, 파키스탄, 말레이시아와 인도네시아 등 여러 대륙의 다양한 나라에 수많은 무슬림이 살고 있다.

익숙한 고향 땅을 떠나와 여차저차 우리나라에 자리를 잡고 사는 그들의 마음속 고향은 어디? 바로 이슬람 사원이다. 정식 명칭은 '한국 이슬람교 서울 중앙성원.' 무척 길고 폼 나는 이름이구만. 이태원 소방서 뒤편의 언덕길에 살포시 숨어 있어 큰길에서는 보일 듯 말 듯, 왠지 신비롭다. 어쨌든 그렇게 종교 사원이 딱 자리 잡고 있으니 당연히 요 주변엔 무슬림들이 모여들 수밖에 없다. 마치 매주 일요일이면 타갈로그어 **Wikang Tagalog**(필리핀어) 미사를 드릴 수 있는 혜화동 성당 주변에 필리핀 사람들이 모이는 것과 같다.

익숙하고 정든 고향집을 떠나 외국 생활을 하는 사람들에게 종교 사원이란

단순한 예배 장소 그 이상일 것이다. 그런데 어쩌다 이 동네에 뜬금없이 이슬람 사원이 생겼냐고? 국내 건설사의 중동 진출과 석유 수입 등을 좀 원활하게 해보겠다는 취지로 우리 정부가 이곳에 부지를 제공해주었기 때문이란다. 그게 1975년, '우리 아부지 사우디에 돈 벌러 가셨어요'라는 얘기를 종종 들을 수 있었던 시절의 이야기다.

10여 년 전, 호기심에 카메라를 들고 무작정 들어갔다가 머리에 터번을 두른 긴 수염의 무서운 아저씨에게 짧은 반바지도, 민소매 윗도리도 안 된다며 꾸중을 들었던 게 엊그제 같은데 오랜만에 이태원 이슬람 사원을 다시 찾아오니 그사이 많은 변화가 있었던 모양이다. '그들만의 리그'였달까, 빨리 둘러보고 어서 나가줬으면 하던 당시의 은근히 폐쇄적이고 배타적이던 분위기는 어느새 사라지고 이젠 상당히 밝고 개방적인 느낌을 폴폴 풍긴다. 국내 무슬림 인구 증가로 사원 이용자들도 상당히 많아지니 한국 내 이슬람교의 위상도 함께 높아진 모양이다. 덩달아 사원 주변의 좁은 골목에도 그들을 위한, 그들에 의한 식당이며 상점들이 그득하다. 한 5~6년 전까지만 해도 휑하던 곳이었는데 이야, 이게 무슨 일이래? 이슬람 사원 구경을 하러 온 것인데 자꾸만 다른 곳들로 눈이 간다.

우선 새하얀 사원 건물 1층의 터키 식당 '살람 레스토랑'이 발목을 덥석 잡고, 그 옆의 '살람 베이커리'가 심금을 엉엉 울린다. 거참 설레네! 살람 베이커리는 터키의 전통 파이과자인 바클라바baklava를 비롯한 온갖 달디단 중동식 과자들이 그득한 곳이다. 우리에겐 아직 생소한 이름이지만 터키에서 시

살람 베이커리 입구.
저 안에 엄청난 맛이
숨어 있다는 사실.

작해 그리스와 불가리아, 알바니아 등 동유럽을 제패하고 요르단과 시리아, 레바논, 이란 등 중동 곳곳을 꽉 잡은 대단한 파이과자 바클라바! 그 맛이 어찌나 달콤한지 진열장 안을 들여다보기만 해도 눈으로 설탕이 쫙 흡수되는 듯한 기분이다.

몇 년 전 터키 여행을 갔을 때도 바클라바를 비롯해 온갖 달디단 전통 과자들을 무척 많이 먹었더랬다. 빵집이며 과자집 앞을 지날 때마다 친절한 터키 아저씨들이 갓 나온 과자를 자꾸만 손에 쥐어주기에 받는 족족 입으로 가져가다 보니 나중에는 혈당이 쭉쭉 올라 머리가 어질어질해지기도 했지. 이야, 그때 생각이 나는구나! 살람 베이커리는 그 지역으로 여행을 다녀온 사람들에겐 무척 반가울 장소이고, 아직 가보지 못한 사람들에겐 새롭고 신기한 곳이 될 것이다.

그럼 몇 개만 좀 사볼까나? 큼직한 파이류는 대부분 낱개로 계산을 하고 자그마한 과자들은 100g당 가격이 정해져 있어 무게를 재어 계산한다. 이건 뭐

바삭바삭 달콤달콤한 과자들. 보기만 해도 혈당이 쭉~.

예요, 저건 또 무슨 맛인가요 하고 물어보니 이국적인 외모의 점원이 서툰 우리말로 친절하게 설명해준다. 터키 홍차인 '차이'도 서비스로 한 잔 고맙게 받아서 가게 밖 테이블에 앉아 우아를 떨어본다.

어디, 그래서 맛이 어떠냐구요? 네, 답니다. 이가 아릴 정도로 단맛이에요! 요 중동식 과자들은 처음 한 입 와작 깨무는 순간 끈적한 액체가 입안에 퍼져 조금 놀라게 되는데, 혹시 기름인가 싶지만 실은 달콤한 시럽이다. 좀 과장하자면 아예 시럽에 푹 담가 먹는 느낌이라고 할까? 어마어마한 양의 꿀과 설탕을 때려 붓고 만드는 과자인지라 진하게 우려낸 쌉쌀한 홍차인 차이와 무척 궁합이 좋다. 터키 사람들은 요 차이를 하루에도 수십 잔씩 마시는데, 비록 찻잔이 소주잔마냥 아담하긴 하지만 그래도 전부 합하면 상당한 양이다. 아침에 일어나서 한 잔, 식사를 하면서 한 잔, 친구를 만나서 한 잔, 입이 심심하면 또 한 잔. 눈만 마주쳐도 '차이?'라며 권할 정도다. 덕분에 여행 중에도 실컷 얻어 마셨다. 터키 사람들에게 그렇게 차를 많이 마셔도 괜찮냐고 물어보니 '우리들의 핏속에는 차이가 흐르고 있다'며 하하 웃는다. 게다가 차이에 각설탕을 매번 두어 개씩 퐁당퐁당 빠트려 마시기까지 하니 아휴, 단 걸 정말 좋아하는 사람들이라니까! 터키의 치과 의사들은 왠지 무척 바쁠 것 같다.

여러 가지 과자 중 제일 유명한 바클라바는 종잇장마냥 아주아주 얇은 페이스트리 반죽 사이사이에 호두나 피스타치오, 헤이즐넛 등 잘게 다진 견과류를 듬뿍 넣고 꿀과 시럽도 듬뿍 뿌려 구운 것인데(뭐든지 듬뿍이다) 제대로 만든 것은 한 입 깨무는 순간 '프스스스~' 하는 소리가 난단다. 층이 겹겹이 쌓인 얇고 바삭한 파이에서 나는 특유의 소리라는데, 맛만 좋으면 장땡이지 싶다가도 그 이야기를 듣고 나선 은근히 신경이 쓰인다. 여러분도 바클라바를 먹을 땐 입속 소리에 한 번 귀를 기울여보길!

어쨌든 요 바클라바는 손님 집을 방문할 때, 결혼식과 장례식 등 온갖 경조사에, 심지어는 아들내미 군대 보낼 때도 한 보따리 들려줄 정도로 큰 사랑을 받는 과자라니 살람 베이커리에 들렀다면 다른 건 몰라도 요것만큼은 꼭 맛을 봐야 한다. 과자류 외에도 차이의 재료인 터키산 홍차 잎과 화려한 무늬의 찻잔, 반짝반짝 광이 나는 멋진 터키식 커피 주전자와 장식용으로도 훌륭한 물담배용 기구, 이런저런 공예품 등도 팔고 있어 구경하는 재미가 쏠쏠하다. 그 바로 옆의 '살람 레스토랑'은 10년도 더 넘은 이태원 무슬림 거리의 터줏

▲ 반짝이는 주전자와 아기자기한 찻잔까지, 터키의 향기가 몽실몽실 피어난다.
◀ 무슬림을 위한 정육점. 양고기 좀 사볼까나?
▶ 우와, 여기 한국 맞아? 위풍당당 이슬람 사원의 전경.

대감이다. 이슬람 사원 건물 한켠에서 아주 작게 시작한 식당이 이제는 꽤 널찍하고 근사하게 변했다. 오픈 당시엔 국내 유일의 터키 식당인데다 한국인 손님은 무척 드물어, 가게 문을 열고 들어가기만 해도 시선 집중이었다. 사원에서 예배를 드리고 식사하러 온 무슬림들은 이쪽을 힐끔힐끔 구경하고, 나는 반대로 그들을 슬쩍슬쩍 훔쳐보고. 하하하! 살람 레스토랑 옆의 작은 식료품점에선 이슬람의 교리에 맞게 도축했다는 의미인 '할랄' 인증을 받은 육류와 다양한 향신료, 렌틸콩과 병아리콩 같은 이국적인 농축산물을 판매한다. 무슬림 인구가 늘어났으니 이런 가게들도 수지가 맞겠지?

먹을 것에 홀려 잠시 방황했으니 이제 경건하게 마음을 다잡고 사원 안으로 들어가 본다. 건물 안팎을 두리번거리다 사무실을 발견해 노크를 한 후 인사를 건넸다. 이곳의 사진을 찍어도 되는지 조심스레 물어보니 머리에 히잡을 두른 가무잡잡한 피부의 여성 직원이 답하길 예배실 안을 제외하고는 자유롭게 구경하고 촬영할 수 있단다. 남녀가 따로 분리된 예배실은 이슬람 신자에게만 출입이 허용된다고. 그나저나 이 직원분, 우리말을 굉장히 잘하고 사원에 대한 설명도 막힘없이 줄줄이다. 뿐만 아니라 사무실의 규모며 비치된 홍보자료 등을 보니 뭔가 틀이 딱 잡혀 있다는 것이 느껴진다. 사원 건물 입구와 로비엔 이슬람 성서인 《꾸란》(코란)과 그 교리를 알기 쉽게 소개한 자료들이 깔끔하게 전시되어 있다. 물론 전부 한글이다. '그들만의 리그'에서 나아가 이슬람 문화를 적극적으로 홍보하려는 노력이 느껴진다.

거대한 생크림 케이크처럼 새하얀 본당 옆의 큼지막한 건물은 이슬람 센터다. 유치원생, 초등학생 대상의 교육기관과 이슬람 문화 연구소를 겸하는 곳인데 일요일마다 교리 수업도 한다니 괜히 궁금해진다. 그 시간엔 얼마나 많은 사람들이 모이려나? 안산, 안양 등 무슬림들이 많이 거주하는 지역에도 임시 예배소들이 마련되어 있다고는 하지만 그래도 수도권에선 이태원의 이슬람 사원이 중심 역할을 한다. 하긴 교회와 절, 성당은 어디서든 볼 수 있지만 이슬람 사원은 서울에선 이곳이 유일하니 이쯤 되면 수도권 거주 무슬림들

의 정신적인 지주라고 해도 과장이 아니겠다. 사무실 직원 말에 따르면 부산, 전주 등에도 이슬람 사원이 있고 크고 작은 임시 예배소들도 전국에 60여 곳 가까이 된단다. 생각보다 많구나. 미처 몰랐을 뿐. 하긴, 기독교에 이어 세계에서 두 번째로 많은 신도를 자랑하는 종교인걸.

모스크 건축 양식 특유의 둥근 지붕과 높은 첨탑, 아름다운 파란색 타일 구경을 실컷 하고 다시 밖으로 나왔다. 요 주변, 소위 이슬람 거리엔 식당이고 슈퍼마켓이고 간에 전부 할랄halal 표시가 붙어 있다. 해당 종교를 믿지 않는, 말하자면 외부인 입장에서는 각 종교들의 독특한 관습과 규범을 이해하기 쉽지 않다. 성당에선 왜 머리에 흰색 보자기 같은 걸 쓰는 걸까? 불교의 3천 배는 대체 왜 하는 거야? 허리랑 무릎이 무지 아플 텐데! 할랄 의식은 또 뭐고? 할랄이란 '허용되었다'라는 뜻의 아랍어다. 우선 짐승의 머리가 이슬람 성지 성지인 사우디아라비아의 메카 방향으로 향하도록 눕힌 다음 알라 신께 기

타일 장식이 아름다운 사원 출입구. 방문자는 누구든 환영이다.

도를 한 후 가능한 한 고통이 없도록 동물의 급소를 단칼에 찔러 피를 말끔히 빼는 방식으로 도축하는 것이다. 이슬람교에선 술을 비롯해 알코올이 함유된 모든 음료와 음식들, 육식 동물과 동물의 피, 돼지고기 등을 먹지 못하게 하고 그것들로 만든 가공식품과 제품들 역시 금지한다.

실제로 국민의 대다수가 무슬림인 터키와 말레이시아, 인도네시아, 중국 서쪽 끝의 신장 위구르 자치구 등을 여행해보니 사소한 것 하나하나에도 할랄 표시가 꼼꼼하게 붙어 있어 놀랐다. 아니, 먹을 거야 그렇다 쳐도 웬 화장품에까지 할랄 표시야? 알고 보니 콜라겐 등의 동물성 성분은 물론이고 율법에서 금하는 발효 알코올 성분 등이 들어갈 수 있어 그런 것이라고. 이 까다로운 규정은 국내 생산품은 물론 외국에서 물건을 수입해 들여올 때도 반드시 지켜야 한단다. 외부인 입장에서야 뭘 군이 그렇게까지 할까 싶지만 해당 종교를 믿는 사람들에겐 무척 중요한 일이겠지.

그런데 요 할랄 표시는 원한다고 해서 그냥 척 붙여주는 것이 아니라 심사를 통해 인증을 받아야 하는데 그 심사라는 게 상당히 빡빡하단다. 종교 교리를 엄격히 지키는 사람들인 만큼 당연할 수밖에! 하지만 우리나라를 찾는 무슬림 단체 관광객들 역시 아무 데서나 식사를 하기가 곤란해 여행사에서는 인증받은 식당과 계약을 맺어 음식을 제공하는 경우가 많다니 식당 입장에서는 대박의 기회겠지? 그럼 그 심사와 인증은 대체 어디서 하느냐, 바로 이슬람 사원에서 주관한다. 사업자 등록증과 영업신고증 같은 서류는 기본 중의 기본이고 해당 상품의 성분분석표 첨부도 필수다. 호기심에 신청 서류를 사원 홈페이지에서 내려받아 읽어보았는데 주재료는 물론이고 식품 첨가제 하나하나, 색소와 향료 등도 종류별로 각각 체크해야 한다. 어마어마하게 꼼꼼하네! 그런 이유로 할랄 심사에 통과한 제품들은 안전하고 깨끗하다는 인식이 있단다. 전 세계의 16억 무슬림이 인증 받은 제품을 소비하고 있으니 시장 규모도 굉장한데, 무려 6천억 달러에 이른다니 이쯤 되면 단순히 낯선 종교, 다른 문화의 이야기라고만 생각할 수 없겠다. 우리나라의 기업들도 이슬람 문화권으로 물건을 수출하거나 사업 진출을 하는 경우 반드시 그 규정을 꼼꼼히 따져가며 지킨다고.

뭐 좀 먹어볼까? 자그마한 식당이 눈에 띈다. '팍인디아 레스토랑'이다. 물론 이곳에도 할랄 표시가 당당히 붙어 있다. 머리에 히잡을 쓴 아주머니가 자리로 안내해주고 메뉴를 가져다주기에 어느 나라 사람이냐고 물어보니 파키스탄인이란다. 파키스탄과 인도 음식을 만드는 곳이라 식당 이름도 팍인디아라고. 부부가 함께 한국에 온 지 20년이 넘었다는데 아저씨는 좁은 주방에서 요리를 하고 아주머니는 손님 응대와 계산을 책임진다. 수줍으면서도 친절한 서비스라 기분이 좋아진다.

미간에 주름을 팍 잡고 메뉴를 심각하게 연구해본다. 하루 중 제일로 진지한 순간이다. 장고 끝에 주방장 추천 표시가 붙은 사모사samosa와 달 타르카dal tarka를 주문했다. 감자와 콩이 듬뿍 든 큼직한 튀김만두 사모사는 다른 인도 식당에서도 맛볼 수 있는 흔한 메뉴지만 어휴, 이 집의 손맛은 각별하다. 기분 좋게 매콤하고 고소한 게 딱이네! 인도와 파키스탄, 방글라데시 등 서아시

아 여러 나라에서 두루 먹는 요 맛 좋은 사모사는 푹 삶아서 매콤하게 양념한 감자와 양파, 콩을 기본으로 가끔은 양고기나 닭고기, 쇠고기 간 것을 넣기도 한다. 만두피를 잘 아무려서 삼각형 모양을 만드는 게 포인트. 손끝이 무딘지 만두나 송편을 예쁘게 빚는 데는 영 소질이 없는데, 사모사 빚는 것도 힘들까나? 함께 나오는 초록색의 소스는 민트 잎과 코리앤더coriander 잎을 잘게 다져 요거트에 넣은 것이다. 향긋하고 산뜻해 바삭한 튀김과 잘 어울린다. 렌틸콩으로 만든 매콤얼얼한 스튜인 달 타르카도 일품이다. 통통 불린 렌틸콩(이 자그마한 콩은 밤새 불려서 써야 할 정도로 딱딱하다)을 푹 익힌 다음 커민cummin과 생강, 강황과 마살라masala 등의 향신료로 맛을 내고 양파와 고추, 마늘과 토마토 등을 넣어 부드럽게 뭉개질 때까지 세월아 네월아 익혀주면 완성이다. 아주머니가 '매운 맛? 안 매운 맛?' 하고 서툰 우리말로 묻기에 맵게 해달라고 했는데, 입술이 불타오르는 독한 매운 맛이 아니라 뱃속이 뜨끈해지는 화한 맛이라 몸이 기분 좋게 후끈해진다. 뜨겁고, 맵고, 구수하고, 간도 딱이다. 담백한 호밀빵 차파티chapati와 함께 연신 맛있다, 맛있어 소리를 하며 열심히 먹었다(차파티는 난과 비슷하지만 이스트를 넣지 않는다). 이렇게 맛있는 집이 이슬람 거리에 숨어 있었네!

부른 배를 쓰다듬으며 밖으로 나왔다. 요 주변엔 터키 일주 상품이라든가 사우디아라비아의 메카 성지 투어 상품 등을 파는 여행사 사무실, 이슬람 종교 서적을 전문으로 판매하는 서점 등 이슬람 거리다운 가게들이 쭉 줄지어 있다. 그런데, 어라? 대낮인데도 문이 잠겨 있는 곳이 꽤 있다. 가까이 다가가 보니, 아, 기도하는 시간이라고 써 붙여놓았네. 무슬림들은 하루 다섯 번 기

◀ 마음까지 푸근해지는 달 타르카 한 그릇.
▼ 차파티에 얹어 한입 가득! 이 맛이야~.

이슬람 서점이라니 왠지 신비로운 느낌. 어떤 책이 있을까?

도를 한다. 해가 뜨고 지는 시각의 영향을 받기 때문에 기도 시간은 계절마다 약간씩 달라지는데 대략 새벽 6시와 정오, 오후 3시와 저녁 6시, 밤 9시경이다. 닫힌 문이 아쉬워 서점의 유리창 안을 열심히 들여다보니 이슬람의 교리를 소개하는 책들이 가득하다. 아랍어와 영어로 된 책들 사이사이 우리말로 된 것도 꽤 있다.

크고 작은 식료품점들 역시 잘 보이는 곳에 할랄 표시를 당당히 붙여 놓았다. 주요 소비자가 무슬림이라는 얘기다. 이 골목에서만큼은 우리가 이방인인 셈. 여러 가게 중 이슬람 거리 입구의 '포린 푸드마트'foreign food mart가 규모로 보나 장사를 해온 기간으로 보나 단연 최고다. 말 그대로 '외국인 식료품점'이라는 단순한 이름이 재미있다. 몇 년 전까지만 해도 지금의 반절 규모에 불과했고 가게 내부는 무척 어둑어둑, 물건들도 두서없이 되는 대로 쌓여 있다는 느낌이라 어째 손이 잘 가지 않았다.(사장님 죄송합니다. 그치만 정말 그랬다구요.) 게

◀ 외국 식재료라면 단연 이곳, 포린 푸드마트.
▲ 오늘 저녁은 어느 나라 요리를 해볼까?
▼ 장 보러 온 아빠와 딸. 아저씨네는 오늘 뭐 드시나요?

다가 물건에 가격 표시도 제대로 되어 있지 않아 일일이 물어봐야 했는데 최근엔 분위기 대반전! 어느새 옆가게까지 확장해 본격적인 슈퍼마켓으로 변신했다. 밝고 깨끗하고 물건도 다양하다. 그냥 다양한 정도가 아니라 정말 별게 다 있는걸? 없는 것 빼고는 다 있어요, 여러분! 이래 봬도 외국 여행이라면 꽤 다녀봤고 가는 곳마다 재래시장에서부터 대형 마트까지 샅샅이 훑으며 식재료 구경을 한 사람으로서 자신 있게 강력 추천. 이젠 어지간한 건 굳이 여행가방에 쑤셔넣어 낑낑 들고 올 필요가 없겠다. 놀라운 변화다. 장을 보러 온 사람들의 국적은 또 어쩜 이렇게 다양한지, 딱 봐도 중동 지역에서 온 사람들도 있고 동남아시아인과 중국인들, 백인과 흑인들, 그리고 그 사이에서 눈이 휘둥그레진 채 구경하느라 정신이 없는 한국인인 나까지. 여기가 대체 어느 나라예요?

이슬람 거리가 끝나갈 무렵 용산구청에서 설치한 경고판이 눈에 들어온다. 쓰레기 재활용 관련 안내문인데 한글과 영어, 아랍어가 함께다. 이 지역 공무원들은 여러 언어를 할 줄 알아야겠구나. 머리 아프겠다 싶어 웃음이 나온다. 언어뿐 아니라 문화에 대한 이해도도 높아야겠지? 외국의 코리아타운은 어떤 모습일까 갑자기 궁금해진다.

이슬람교 Islam

불교, 기독교, 힌두교와 함께 세계 4대 종교의 하나로 알라를 유일신으로 섬기며 무함마드 Muhammad(570~632)를 예언자로 믿는다. 이슬람은 '복종, 순종'이라는 뜻이다. 경전은 《꾸란》(코란)으로, 무함마드가 천사로부터 전해들은 알라의 말씀을 기록한 책이다.

할랄 halal

'허용된 것'이라는 뜻의 아랍어로 이슬람교도인 무슬림이 먹고 쓸 수 있는 제품을 총칭한다. 반면 무슬림에게 금지된 음식은 '하람'haram이라고 하는데 술을 비롯한 모든 알코올 함유 식품, 육식동물, 동물의 피, 돼지고기, 비늘 없는 생선 등이다.

이슬람교를 믿는 나라

중동과 터키, 중앙아시아, 북아프리카, 러시아 남부, 파키스탄, 인도, 중국 신장 위구르 자치구, 말레이시아, 인도네시아, 브루나이 등으로 무슬림은 전 세계 인구의 약 23퍼센트에 달하는 16.2억 명(2010년 조사) 정도에 달한다.

지옥처럼 달콤한 터키 디저트
단거중독자
아아……
아름다워…
달달
달
달
달달달
달달
달
달
달달
달달달
달
중동과자
한입♥
터키홍차
한모금♥
냠냠
쩝쩝
어느새 혈당 UP 카페인 UP 맛이 갑니다ㅋ
아흐항항항항항
기분 UP

이슬람 거리, 어떻게 찾아갈까?

지하철 6호선 이태원역 3번 출구 이용. 이태원 소방서 앞에서 우회전 후 언덕길로 올라간다.
이 주변이 이슬람 거리다.

볼 것, 먹을 것

• **이슬람 모스크**(한국 이슬람교 서울 중앙성원)

http://www.koreaislam.org
서울 용산구 우사단로 10길 39. 이태원 소방서 뒤편의 언덕길 끝에 위치. 반바지나 민소매 등
노출이 심한 옷은 피하자.

• 살람 레스토랑

www.turkeysalam.com
이슬람 사원 건물 1층에 위치한 터키 음식 전문점. 양고기 쉬쉬 케밥과 이스칸다르 케밥이 맛있다. 다양한 요리를 맛보고 싶을 땐 코스메뉴를 주문하는 것이 좋다. 수프에서부터 차와 디저트까지 한번에!

• 살람 베이커리

서울 용산구 보광로 60길 22(2호점). 살람 레스토랑 바로 옆에 1호점이, 지하철역 근처에 2호점이 있다. 바클라바는 꼭 먹어보자.

• 팍인디아 레스토랑

서울 용산구 우사단로 10길 51. 이슬람 사원에서 지하철역과 반대 방향으로 직진한다. 도보 4분 거리. 파키스탄과 인도 음식 전문점으로, 메뉴판의 '추천' 표시 음식들은 모두 맛있다.

• 포린 푸드마트

서울 용산구 우사단로 36. 이태원 소방서 옆의 우사단로를 따라 직진하면 금세 도착. 다양한 수입 식재료를 한 곳에서 만날 수 있다.

가리봉동

지하철 7호선 남구로역 3번 출구로 나오면 이야, 이건 뭐 완전히 딴 세상이다. 여기서부터 2호선 대림역 주변까지 쭈욱 연변 거리가 펼쳐져 있다. 이 일대는 지린성, 헤이룽장성, 랴오닝성 등 중국 동북 3성 출신 조선족 중국인들이 무척 많이 거주하는 지역인데 국내의 여러 연변 거리들 중에서도 원조라 할 수 있을 정도로 오래되었단다.

중국 본토 물만두

거대 꽈배기 짜마화

춘장 향기 일품인 징장뤄스

이것이 대륙의 꽈배기다 – 가리봉동 연변 거리

알 듯 모를 듯, 은근히 신비로운 도시 서울. 그렇게 오랜 시간 돌아다녔는데도 여전히 생소한 지역이 존재한다. 캐도캐도 나오는 금광 같은 느낌이랄까? 우물 안 개구리가 된 듯 개골개골 노래를 부르며 요리조리 구경 다니는 재미가 쏠쏠하다. 좋구나! 가리봉동 일대도 그중 한 곳이다. 가리봉동이라, 이름은 참 많이 들어봤지만 실제로 가본 일은 몇 번 안 되는 곳이다. 두근두근한 가슴을 안고, 그리고 고픈 배를 움켜쥐고 출발!

지하철 7호선 남구로역 3번 출구로 나오면 이야, 이건 뭐 완전히 딴 세상이다. 여기서부터 2호선 대림역 주변까지 쭈욱 연변 거리가 펼쳐져 있다. 이 일대는 지린성, 헤이룽장성, 랴오닝성 등 중국 동북 3성 출신 조선족 중국인들이 무척 많이 거주하는 지역인데 국내의 여러 연변 거리들 중에서도 원조라 할 수 있을 정도로 오래되었단다. 옛 구로공단 지역인 1, 7호선 가산디지털단지역(구 가리봉 역) 주변의 일명 쪽방 타운의 반지하방과 옥탑방에서 거주하던 이주 노동자들이 재개발로 인해 집세가 많이 오르자 근처의 남구로역과 대림역 주변으로 살짝 이동한 것이다. 아휴, 그놈의 집세! 한국인이든 외국인이든 다들 집 때문에 고민하는 건 마찬가지다.

외국인 거리엔 절대 빠지지 않는 영주권과 비자 수속 대행업소.

하여간 가리봉동 연변 거리에 왔으니 일단 동네 분위기가 어떤지 한번 쭉 돌며 구경을 해봐야겠지? 얼핏 봐도 딴 세상이구나 싶게 내가 알던 서울 시내와는 분위기가 확 다른데, 그럼 어떻게 다르냐고? 이 동네 사람들에겐 미안한 소리지만 일단 좀 칙칙하다. 웬 아저씨들이 큰길이든 골목길이든 가리지 않고 삼삼오오 모여 서서는 두런두런 수군수군 이야기를 나누고 있어 혹시 무슨 나쁜 일이라도 벌어진 건 아닌지, 음모라도 꾸미는 중인지 궁금해질 정도다. 아니, 대체 다들 길에서 뭐하는 거예요? 그런데 실은 이건 일종의 사교 모임이다. 카페라든가 술집 등 실내로 들어가는 대신 공원이나 길거리 곳곳에서 선 채로 세상 돌아가는 얘기도 하고 서로의 소식도 주고받는, 말하자면 수다의 광장. 중국 여행 중에도 어딜 가든 동네 아저씨들의 이런 사교 모임을 흔히 볼 수 있었다. 우리나라의 중국인들 역시 평일엔 열심히 일하다 주말이 되면 가리봉동을 비롯한 여러 연변 거리에 모여 회포를 푸는 것이다. 몰라 봬서 죄송합니다.

거리 곳곳엔 비자 연장, 영주권 신청 등을 대행해준다는 여행사라든가 구인

광고지를 다닥다닥 붙여놓은 직업소개소, '환영합니다'라는 의미인 환잉꽝린歡迎光臨을 크게 써 붙여둔 휴대폰 매장 등이 꽤 많다. 스마트폰을 구입하면 중국 드라마와 영화, 노래 등의 데이터를 잔뜩 넣어준단다. 이런 다양한 상점의 간판들엔 중국인이 선호한다는 노란색과 빨간색이 유난히 많이 쓰인다. 붉은색은 행운을, 노란색은 황금을 상징해 아주 옛날부터 사랑받아온 색깔들이라고. 간판 속의 한자들은 우리 눈엔 좀 생소한 중국 간자체라 이국적인 거리 분위기에 한몫한다.

고만고만한 상점들 사이에서 유난히 규모가 큰 곳이 눈에 띄기에 올려다보니 '중국동포타운 신문사'라는 간판이 붙어 있다. 간혹 중국인이 운영하는 식료품점이나 양꼬치집의 카운터에 요 신문이 놓여 있는 것을 본 적이 있는데 바로 여기서 만드는 모양이구나. 그 옆에 '동포타운센타', '동포취업센타'라는 간판도 붙어 있는 걸 보니 다양한 서비스를 함께 제공하는 모양이다. 그러고 보니 이 건물 앞에 유난히 사람들이 많네.

그런데 사실 이곳 가리봉동 연변 거리엔 뭐니뭐니해도 식당이 제일로 많다. 그냥 많은 정도가 아니라 어마어마하게 많다! 아무리 사는 게 팍팍해도 맛있는 건 먹어줘야 하는 거다. 식당 간판은 물론이고 메뉴판 역시 한자로 쓰여 있지만 사이사이 우리말이 눈에 띄니 다행이다. 그런데…… 어라? 소배필, 외야구, 장족? 분명 우리말이긴 한데 뭐가 뭔지 하나도 모르겠네. 하하하! 고깃집 메뉴인 걸 보니 분명 고기 부위들일 텐데. 하긴, 스테이크 전문점의 메뉴를 보며 티본은 뭐고 설로인, 립아이는 또 뭘까 어리둥절해하던 때가 바로 얼마 전이다. 지금이야 대충은 알게 되었지만 처음엔 바짝 긴장했었다. 이 중국식 고기 부위 이름들도 시간이 지나면 익숙해지겠지?

건대 입구 자양동의 양꼬치 골목 같은 경우는 대부분의 식당이 양꼬치라는 단일 메뉴로 대동단결하고 있지만 가리봉동 연변 거리엔 그보다 훨씬 다양한 음식들이 가득하다. 사람이 삼시 세끼 양꼬치만 뜯을 리 없지. 연변 냉면, 연변 보신탕, 오누이장, 입쌀밴새 등 알 듯 말 듯 알쏭달쏭한 이름들이 눈에 들어온다. 오누이장이라니 왠지 좀 무서운 이름이다. 사이좋은 오누이를 서너 시간쯤 푹 고아서 만든 음식……이라는 것은 농담이고(죄송합니다), 메주콩을 푹푹 삶아 으깬 다음 된장을 섞어 발효시킨 장류다. 청국장 찌개를 끓이듯 조리하면 된단다. 송편과 비슷하게 생긴 만두인 입쌀밴새도 무척 인기 있는 메뉴다. 입쌀, 즉 멥쌀가루를 반죽해 만든 두툼한 만두피가 특징인데 아무래도 찹쌀처럼 쫄깃하고 쫀득한 맛은 덜하지만 나름의 매력이 있다.

와, 좋은 냄새! 길거리 빵집의 거대한 꽈배기를 보니 먹기도 전에 마구 설렌다. 갓 튀겨낸 예쁜 갈색의 폭신폭신한 꽈배기라니 이런 건 맛이 없을 수가 없겠네. 이름하여 짜마화炸麻花다. 친절한 사장님이 쫄깃해 보이는 커다란 반죽을 기름솥에 조심조심 하나씩 집어넣으며 어눌한 우리말로 '이거는 반죽 속에 설탕이 다 들어가 있는 거예요'라고 설명을 해준다. 우리 식으로 겉에 설탕을 듬뿍 묻히지 않았지만 충분히 달달하다는 얘기다. 가리봉동뿐 아니라 어지간한 연변 거리에서 쉽게 만날 수 있는 이 어른 팔뚝만한 거대 꽈배기 짜마화의 가격은 단돈 천 원. 요즘 어디 가서 천 원짜리 한 장에 이만치 든든하고 맛난 먹거리를 살 수 있을까? 달달하고 담백하고 쫄깃하니 하염없이 베어 물게 된다.

그 옆은 순대집이다. 일명 연변 순대. 역시 친절한 아주머니가 손짓발짓을 곁들여 열심히 설명을 해주는데, 손으로 윗배와 아랫배를 번갈아 문지르며 요 팔뚝만큼 굵직한 순대는 위쪽에 있는 내장이고 이쪽의 가느다란 순대는 아래쪽 내장으로 만든 거라고 말한다. 하하하! 아마도 각각 대창과 소창으로 만

◀ 향긋 짭조름하게 조린 돼지고기와 닭고기.
▼ 속이 빵빵한 연변 순대. 요게 또 별미죠!

들었다는 의미겠지? 연변식 순대 속엔 찹쌀밥과 선지가 알차게 꽉꽉 들어차 있다. 당면이나 채소 같은 것은 전혀 없이 오로지 찹쌀과 선지! 그래서 무척 든든한 끼니가 되어주기도 하지만 한편으론 몇 점만 먹어도 금세 물리기 쉬워 매콤한 양념장이 꼭 필요하다. 그렇게 비슷하면서도 다른, 다르면서도 비슷한 동북 3성 출신 중국인들의 음식이 거리 곳곳에 가득하니 새롭고 맛난 음식을 사랑하는 사람들에겐 이곳은 놀이동산마냥 즐거운 곳이다. 여기가 에버랜드, 여기가 롯데월드 어드벤처로구나!

옛 만주 지역인 중국 동북 3성 중에서도 우리나라엔 특히 지린성의 연변 자

가리봉 종합시장 입구. '동포타운'이라는 글자가 보인다.

치주 출신 조선족이 우리나라에 많이 들어와 살고 있다. 그래서 국내의 조선족 거주지역을 으레 연변 거리, 혹은 연변 타운이라고 부르는 것이다. 연변 자치주는 지리적으로 북한과 가까운 곳이라 말투도 우리 귀에는 마치 북한 사투리처럼 들린다. 주민들 중 탈북자도 꽤 된다니 더욱 그럴 것이다. 억양도 그렇지만 단어의 쓰임새도 우리말과는 꽤 차이가 있어 이야기를 나누다 보면 간간히 '응?' 하며 고개를 갸웃하게 된다. 그래도 일단 말이 통하니 다른 나라 출신의 이주 노동자들에 비해 조선족은 정착하기가 수월한 편이다. 그렇게 국내 거주 조선족의 수가 확 늘어나 곳곳에 연변 거리가 형성되면서 지역 경제도 활기를 띄게 되었지만 그 과정에서 우리나라 사람들과의 마찰도 상당했다. 아니, 여전히 눈에 보이거나 보이지 않는 마찰이 존재한다.

아휴, 글이 어울리지 않게 진지한 분위기로 흘러가려고 하네, 흠흠. 맛난 음식을 먹으러 왔으니 좋은 식당을 찾아봐야지. 흥미진진한 연변 거리를 쭈욱 걸어 들어가다 보면 안쪽 깊숙한 곳에 가리봉종합시장 입구가 숨어 있다. 그리고 그 바로 옆은 '삼팔교자관'三八餃子館 식당이다. 여느 식당들처럼 간판에 오직 한자만 쓰여 있어 한자 까막눈은 바로 코앞에서도 휙 지나

42

◀ 찾았다, 삼팔교자관! 간판엔 오직 한자뿐.
▶ 메뉴판 열혈 탐구. 뭐가 가장 맛있을까?
▼ 순식간에 한 접시 뚝딱하게 되는 기막힌 맛의 물만두.

처버리기 쉽다는 사실. 웃고 있지만 눈물이 난다. 그나마 이곳의 이름은 어렵지 않은 편이라 어찌어찌 찾아 들어가 이런저런 음식을 주문하고 한숨 돌린다. 우선 교자관, 즉 만두집이라는 이름답게 제일 먼저 만두가 등장하는데, 생긴 건 평범한 주제에 요 자그마한 물만

두가 어찌나 맛있는지 순식간에 게 눈 감추듯 먹게 된다. 씹는 맛이 좋은 도톰 쫄깃한 만두피와 잡내 없이 간도 딱 적당한 만두소까지, 한마디로 최고! 팔각star anise을 비롯한 독특한 향신료의 냄새가 솔솔 나는데 그게 또 매력이다. 중국의 만두는 역사도 엄청 오래되고 종류도 꽤 다양하다. 풍요로움을 상징하는, 한마디로 돈을 무진장 많이 벌게 해준다는 뜻이 담긴 음식이라 명나라 시절부터 명절 차례상엔 절대 빼놓지 않고 꼭꼭 올려왔다고. 특히 섣달 그믐날 자정에 먹어야 효과가 있다나? 물론 1년 중 언제 먹어도 똑같이 맛있지만 말이다.

여러 종류의 만두 중에서 우리 입에 특히 잘 맞을 만한 것은 '궈톄'다. 둥글고 얇게 민 만두피에 다진 고기와 채소를 섞은 소를 채워 잘 아무린 후 기름을 두른 팬에 노릇 바삭하게 구운 것인데, 이렇게 말하면 아마 다들 어떤 만두인지 딱 알아챌 듯. 우리나라에선 군만두, 일본에선 야끼교자라고 하는 친숙한 그 음식이잖아? 하지만 이곳 삼팔교자관의 만두는 팔팔 끓는 물에 데쳐 먹는 물만두, 즉 '슈짜오'다. 한입에 쏙 들어가는 자그마한 사이즈인데 우리가 흔히 먹는 물만두에 비해 만두피가 훨씬 두껍고 살짝 쫄깃하다.

어머 이거 어떡해, 완전 맛있잖아 하며 정신없이 먹고 있으니 그 뒤를 이어 '징장뤄스' 등장. 중국 여행을 다녀오거나 준비 중인 사람들 사이에선 우리 입에 가장 잘 맞는 중국 음식으로 으레 꼽히는 유명한 메뉴다. 여행지의 그 어떤 음식이라도 가리지 않고 전부 다 맛있게 먹을 수 있다면 정말이지 좋겠지만 사람 입맛이 그렇게 생각처럼 쉬이 열리지 않는데다 간혹 컨디션이 좋지 않기라도 할 때면 비위도 평소보다 약해지기 마련이다. 그럴 땐 미리 우리 입맛에 잘 맞는다는 그 나라 음식 몇 가지를 알아두면 도움이 된다. 어쨌든 그런 사연(?)이 있는 음식 징장뤄스를 먹어볼까나?

가늘게 채 썰어 춘장 소스에 달달 볶은 돼지고기와 채 썬 파, 향긋한 코리앤더, 얇고 넓적한 건두부가 한 접시에 담겨 있다. 손바닥 위에 건두부를 한 장 올려놓고 고기와 파, 코리앤더를 하나하나 올려 쌈을 싸서 먹으니 절로 맥주 생각이 난다. 맛있다, 맛있어! 코리앤더 특유의 쨍한 향에 익숙하지 않은 사람이라면 고것만 싹 빼고 먹어도 좋다. 그치만 세 번에 한 번 정도는 조금씩 넣어보길. 일단 정들면 그만치 매력 있는 허브도 또 없으니 말이다.

시원한 국물이 땡길 때 '해물탕면'이 최고인데, 요걸 주문하면 곧 주방에서 탕탕, 쿵쿵 하는 큰 소리가 난다. 그때그때 수타면을 뽑는 것이다. 고추를 썰어 넣은 칼칼하고 시원한 국물과 쫄깃하고 부드러운 면발의 조화가 좋다. 눈으로만 봐서는 뽀얗기만 한 국물이지만 일단 마셔보니 어라, 칼칼한 게 쭉쭉 들어간다. 배는 이미 꽉 찼지만 멈출 수가 없는데 어쩌지?

부른 배를 부여잡고 바로 옆의 가리봉종합시장 안으로 들어간다. 입구에 '동포타운, 어서 오십시오'라고 쓰인 간판이 붙어 있다. 동포타운이라, 뻔히 아는 두 단어의 조합이지만 왠지 무척이나 생경하게 느껴지는 표현이다. 얼핏

푸짐한 해물탕면. 캬, 국물이 끝내줘요!

마치 터널 같은 가리봉종합시장 내부.

봐서는 흔한 전통 시장 같지만 중국 식료품 상점이 유난히 많은데, 조금 전에 징장뤄스를 싸 먹은 넓적한 건두부가 가장 먼저 눈에 들어온다. 벽돌처럼 생긴 말캉말캉한 두부야 하루가 멀다 하고 기름에 지져도 먹고 찌개에도 넣어 먹으니 익숙하지만 건두부라는 건 아무래도 생소하다. 일반적인 두부와 재료는 같지만 꾹 눌러 물기를 쪽 빼서 만드는데 두께가 1미리미터도 채 안 될 정도로 얇다. 징장뤄스마냥 이런저런 재료를 넣고 쌈을 싸 먹을 뿐 아니라 가늘게 채 썰어 매콤하게 버무려 먹기도 한다. 매운 고추기름에 간장과 설탕, 식초와 참기름 등의 양념을 더해 잘 섞은 다음 채 썬 대파와 다진 마늘을 넣고 건두부 썬 것과 함께 잘 버무리기만 하면 되는 간단한 반찬이라 고추기름만 있다면 언제든 순식간에 만들 수 있다. 양꼬치 식당에서 흔히 기본 반찬으로

다양한 크기의 건두부가 있다. 골라잡아 보세요!

내주기도 한다. 혹은 가늘게 썬 건두부를 온갖 아삭한 채소들과 함께 볶음국수를 만들 듯 휘리릭 볶아 먹어도 무척 맛있다. 그 외에도 다양한 중국식 절임 반찬이며 장류, '연변특색'이라고 쓰인 옥수수 국수 등을 구경하면서 시장을 한 바퀴 돌아본다. 양꼬치집의 인기 메뉴인 옥면은 바로 요 노란색의 옥수수 국수로 만든다. 한 봉지 사다가 집에서 요리해볼까?

시장 밖으로 나오니 어느새 해가 져 사방이 온통 깜깜하다. 환한 대낮엔 오히려 잘 보이지 않던 식당 내부가 들여다보여 힐끔힐끔, 다들 뭘 그리 맛있게들 먹는지 궁금하다. 어디 보자, 여긴 중국식 샤브샤브 훠궈火鍋를 신나게 먹고

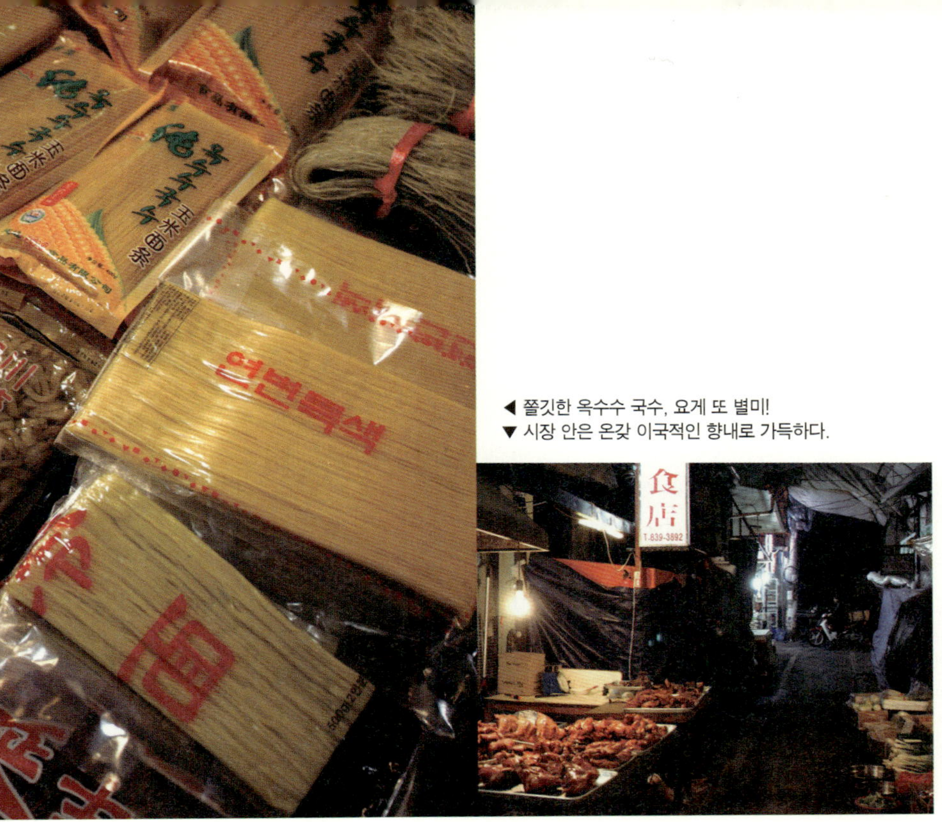

◀ 쫄깃한 옥수수 국수, 요게 또 별미!
▼ 시장 안은 온갖 이국적인 향내로 가득하다.

있고 저긴 양꼬치에 맥주로구만. 하지만 그런 익숙한 메뉴들보다 아직 눈과 입에 생소한 음식들이 훨씬 더 많다. 도전해볼 메뉴가 아직도 이렇게 많다니 신이 난다. 아자!

연변 조선족 자치주

중국 동북 지역 지린성의 자치주로, 약 80만 명의 한국계 중국인(조선족)이 거주하는 중국 최대 조선족 거주지역이다. 함경북도와 국경을 마주하고 있다.

조선족 음식문화

한국 음식, 특히 함경도 지역의 음식과 중국 음식이 섞여 있어 우리 입에 잘 맞는다. 대표적으로 양꼬치, 개고기 요리, 명태 요리, 밴새(만두), 연변식 냉면 등이 있다.

가리봉동 거주 조선족 수

4,500명 정도로 가리봉동 전체 인구의 약 1/4 이상을 차지한다.

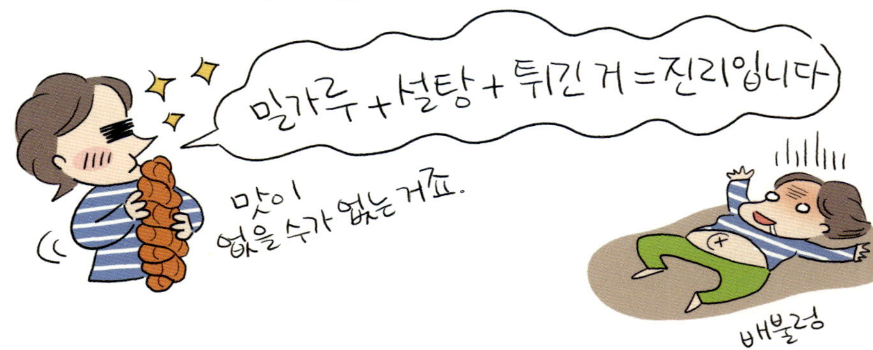

대륙의 기상, 꽈배기!

투 퉁

약 34cm

꺅

이것이 대륙의 기상인가!

중국거!

둘다 좋음

우리거

설탕 듬뿍 우리 꽈배기의 서너 배 사이즈로구나~.

밀가루+설탕+튀긴 거=진리입니다

맛이 없을 수가 없는 거쬬.

배불렁

가리봉동 연변 거리, 어떻게 찾아갈까?

지하철 7호선 남구로역 3번 출구 이용. 가리봉종합시장 방향으로 가는 길이 바로 가리봉동 연변 거리다.

볼 것, 먹을 것

• 가리봉종합시장

연변 거리를 쭈욱 걸어 들어가다 보면 안쪽 깊숙한 곳에 입구가 있다. 옥수수 가루로 만든 옥면 과 얇고 넓적한 건두부, 다양한 중국식 절임 반찬류 등 먹거리 쇼핑에 좋다.

• 삼팔교자관

서울 구로구 우마길 17. 가리봉종합시장 입구 바로 옆에 위치. 한자로 三八餃子館 이라고 쓰인 간판을 찾으면 된다. 종업원 추천 메뉴는 물만두와 찹쌀 탕수육 꿔바로우인데 그 외의 메뉴들도 두루 맛이 좋다.

광희동

지하철 2, 4, 5호선이 만나는 곳, 그런 고로 정신이 하나도 없는 곳, 바로 동대문 역사문화공원역이다. 그런데 이 동네엔 뭘 하러? 옷이랑 가방, 신발 쇼핑을 하러? 에이, 요즘은 주로 인터넷 쇼핑을 하는걸. 그럼 대체 왜 왔냐고? 두둥, 바로 몽골 음식이 먹고 싶어서다! 서울 최대 규모의 몽골인 거리가 바로 이곳 동대문역사문 화공원역 근처에 조성되어 있다는 사실, 다들 알고 있으려나? 이 이름 무지하게 긴 역은 출구 개수 역시 만만치 않게 많아, 무려 14곳의 출구가 있다. 딴생각을 하며 걷다 보면 나가야 할 곳을 획 지나쳐버리기 쉬우니 정신을 바짝 차려야 한 다. 편안한 신발도 물론 필수다.

양고기 빵, 쌈싸

살살 녹는 양갈비

골목길의 유목민들 – 광희동 몽골, 러시아, 우즈베키스탄 거리

지하철 2, 4, 5호선이 만나는 곳, 그런 고로 정신이 하나도 없는 곳, 바로 동대문역사문화공원역이다. 그런데 이 동네엔 뭘 하러? 옷이랑 가방, 신발 쇼핑을 하러? 에이, 요즘은 주로 인터넷 쇼핑을 하는걸. 그럼 대체 왜 왔냐고? 두둥, 바로 몽골 음식이 먹고 싶어서다! 서울 최대 규모의 몽골인 거리가 바로 이

몽골인의 아지트, 뉴 금호타워.

곳 동대문역사문화공원역 (헉헉…… 이름 길다) 근처에 조성되어 있다는 사실, 다들 알고 있으려나? 이 이름 무지하게 긴 역은 출구 개수 역시 만만치 않게 많아, 무려 14곳의 출구가 있다. 딴 생각을 하며 걷다 보면 나가야 할 곳을 휙 지나쳐버리기 쉬우니 정신을 바짝 차려야 한다. 편안한 신발

◀ 휴대폰 매장 유리창엔 국제전화카드 광고가 잔뜩.
▶ 몽골어 지하철 노선도, 요거 굿 아이디어네요!

도 물론 필수다.

그렇게 어렵사리 12번 출구를 찾아 밖으로 나오자마자 바로 앞 골목으로 홱 꺾어 들어가 몇 걸음만 걸으면 오늘의 목표인 '뉴 금호타워' 건물이 눈에 들어온다. 제대로 찾아왔네.

여기서 잠깐! 얼핏 봐선 다 비슷비슷해 보이는 골목들 사이에서 외국인 거리를 콕 집어 찾아내는 방법을 알려드리자면~ 우선 주변을 슥 둘러보니 유난히 휴대폰 매장이 많더라, 그런데 그 매장 벽에 외국어로 된 광고 문구와 국제전화카드 광고가 잔뜩 붙어 있더라, 하면 제대로 찾은 겁니다요.

이주 노동자들에겐 휴대폰이나 국제전화카드가 정말이지 중요한 물건이다. 모국의 가족과 친구들에게 연락을 하기 위한 필수품. 우리도 유학이든 이민이든 외국에 나가게 되면 제일 먼저 잘 도착했다고, 별일 없다고 집에 연락부터 하지 않는가. 사랑하는 사람들 사이엔 역시 서로 목소리를 들어야 마음이 놓이는 법, 그러니 외국인 거리에 휴대폰 매장이 유난히 많을 수밖에. 골목 곳곳엔 휴대폰 광고 전단지가 비치되어 있는데 뒷면엔 지하철 노선도가 인쇄되어 있다. 그런데 자세히 보니 각 역의 이름이 한글과 몽골어로 병행 표기

눈을 씻고 찾아봐도 어라, 한글이 전혀 없네?

되어 있다. 하하, 아이디어 좋네! 지갑에 쏙 들어가는 사이즈로 만들면 더 유
용하겠는걸? 뉴 금호타워 건물의 출입구 바로 옆엔 입주한 회사와 상점, 식
당 등의 이름을 다닥다닥 붙여놓은 큼직한 안내판이 설치되어 있다. 여느 상

광고 전단지들 역시 몽땅 몽골어. 난 누군가, 또 여긴 어딘가.

가건물과 다를 것 없는 모습이네. 어디 보자, 이 10층짜리 건물엔 어떤 가게들이 있으려나? 맨 위층에서부터 지하까지 상하좌우로 샅샅이 훑어보았지만 웬일이니, 한글이라곤 단 한 글자도 없다. 정말 없나? 눈을 씻고 다시 찾아봤지만 어머, 정말 없는데? 몽땅 몽골에서 사용하는 키릴Cyrill 문자다. 뭔가 신비한 주문처럼 보이기까지 하는 생소하고 묘한 글자. 신기해라! 건물 안으로 들어가려니 주변에 서 있던 몽골인들이 힐끔힐끔 쳐다본다. 실은 건물 안내판을 구경할 때부터 이미 시선 집중 상태. 몽골인들의 아지트를 찾은 이방인이 된 셈이다. 엘리베이터 옆엔 광고 전단지를 부착하는 공간이 있는데 역시나 전부 몽골어만 가득하다. 뉴 금호타워엔 한국인은 전혀 없는 걸까?

2층으로 올라가니 오른편엔 널찍한 식당 겸 카페가, 왼쪽에는 아담한 식료품 가게(조미료와 과자, 마른 국수류, 차 정도를 판다)가, 안쪽 깊숙한 곳엔 휴대폰 매장과 미용실이 있다. 업종은 다르지만 공통점이 있다면 하나같이 뭔가 허전하고 휑해 보인다는 것. 일본 초밥집이든 인도 커리집이든 터키 케밥집이든 외국 음식을 파는 곳이라면 대부분 그 나라의 이국적인 장식물들로 공간을 꾸미는 것이 보통인데 이곳의 몽골인 상점들은 휑뎅그렁 그 자체다. 어랍쇼, 하며 한 층 더 올라가 보니 여기도 만만치 않게 휑한 분위기의 가게들이 가득한데, 결국 이 큼직한 건물 전체가 다 이런 분위기라 얼핏 봐서는 각각 무슨 가게인지 구분하기도 쉽지 않다. 하지만 조금 더 자세히 들여다보면 얘기가 달라진다. 어디 보자, 크고 작은 무역업체들 사이사이 노래방과 식당, 휴대폰 매장과 환전소, 옷가게와 식료품점, 카페, 미용실, 여행사, 배송업체 등등 없는 것 빼고는 다 있다. 알차다! 역시 몽골인들이 이 건물 주변에 모여들 만하다. 일단 이 안에 들어오면 어지간한 업무는 다 해결이 되는 것이다. 한마디로 원 스톱 쇼핑센터. 특히 배송업체가 많은데 이곳뿐 아니라 대부분의 외국인 거리가 전부 그렇다. 이런저런 물건들을 본국에 사 보낼 때 이용하는, 해당 지역 배송에 특화된 그들만의 배송업체다. 뿐만 아니라 의외로 미용실이 많다는 특징도 있는데 몽골 거리엔 몽골 미용실, 이태원 아프리카 거리엔 아프리카 미용실, 연변 거리 곳곳엔 연변 미용실 하는 식으로 어지간해선 우리나라 업체를 이용하지 않는단다. 하긴, 외국에 유학 간 친구들도 현지 미용실은 한국인 머리를 잘 모른다느니, 역시 코리아타운의 한인 미용실이 낫다느니 등의 말을 하는 걸 보면 사람 마음은 다 비슷한가 보다. 먹고 살기 팍팍해도 스타일은 포기할 수 없지!

이곳 중구 광희동의 몽골 거리는 1990년대 후반 즈음 서서히 형성되기 시작했다. 그전에는 동대문 의류시장에 물건을 사러 온 러시아 도매상인들로 붐비던 곳이었는데 우리나라의 물가가 점점 오르다 보니 대다수 상인들이 상대적으로 저렴한 중국으로 발길을 돌렸다고. 그 빈자리를 채우기 시작한 사람들이 바로 몽골인 이주 노동자들이다. 그러다 보니 러시아와 우즈베키스탄 음식을 파는 식당과 식료품점이 몽골 식당과 함께 이곳 광희동 안에 어우러져 있다. 즉 점심은 몽골 식당에서, 저녁은 길 건너 우즈베키스탄 식당에서 먹는 것도 가능하다는 이야기. 우와, 여기 우리나라 맞아요? 봐도봐도 신기한 동네다.

그런데 어쩌다 콕 집어 뉴 금호타워 건물이 몽골인의 사랑방으로 변한 것일까? 처음 이 지역에 몽골인들이 드나들기 시작했던 때, 그러니까 1990년대 후반 당시에는 국내 거주 몽골인들의 대다수가 불법 체류자였단다. 그러니 음지에서 쉬쉬하며 일자리 정보를 알아볼 만한 공간이 절실했는데 마침 뉴 금호타워 안에 몽골인이 운영하는 가게가 몇 군데 있어 도움이 필요한 사람들이 바글바글 모여들게 되었다고. 시작은 그렇게 좀 어두웠지만 지금은 정식으로 비자를 취득한 사람이 많아지고 크고 작은 사업을 벌이는 사람들도 늘어 아예 몽골인들이 건물을 통째로 임대해 사용하게 되었다. 여러 가지로 상황이 호전된 셈이다. 물론 여전히 불법 체류자의 수가 많은

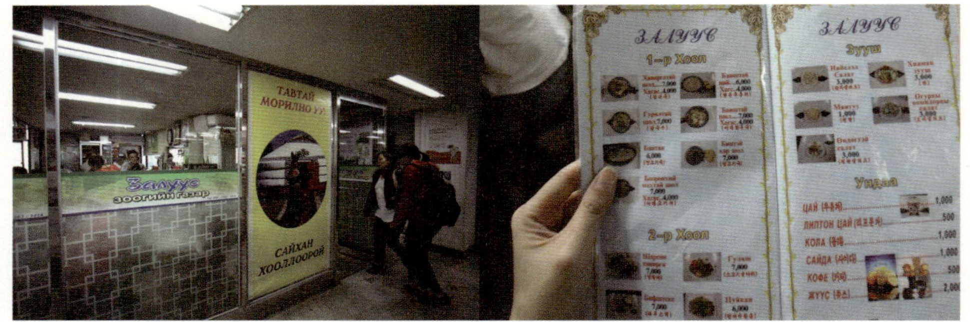

◀ 잘로스 입구. 조금은 휑한 느낌.
▶ 뭘 먹을까? 메뉴판의 사진을 보며 진지하게 고민 중.

것도 사실이지만.

3층의 널찍한 식당 '잘로스'에 들어간다. 당당히 문을 열고 들어가고 싶지만 왠지 좀 어색하네. 우리말이 전혀 통하지 않으면 어쩌지? 혼을 실은 바디랭귀지 신공을 펼쳐야 하려나? 주말 점심때라 그런지 식당은 사람들로 바글바글하다. 서울뿐 아니라 수도권의 몽골인들은 주말엔 으레 다들 이 골목으로 모인다니 식당 주인 기분 되게 좋겠네. 몇 분 기다려 겨우 테이블 하나를 차지하고 앉으니 간소한 메뉴판을 가져다준다. 다행히 음식 사진 아래 몽골어와 한글이 함께 있고 직원들도 다들 친절하다. 약간 어눌하긴 하지만 우리말도 잘하니 주문하는 데 어려움이 거의 없다. 만세! 그럼 이 집에선 뭐가 맛있을까나?

주변을 둘러보니 넓적한 만두 같은 걸 많이들 먹고 있어 따라쟁이처럼 주문했다. 이름하여 '호쇼르'. 메뉴엔 우리말로 그저 군만두라고 쓰여 있지만 진

짜 이름은 호쇼르다. 쫙 펼친 어른 손바닥만큼이나 큼직하고 얇은 만두인데 안에는 소금과 후추로 양념해 볶은 양고기가 들어 있다. 기름에 노릇하게 지진 거라 고소하다. 그러고 보면 여기저기, 엇비슷한 음식을 먹는 나라들이 꽤 많다. 우리나라의 '만두', 일본의 '교자', 인도의 사모사samosa, 네팔의 모모momo 등이야 중국의 자오즈餃子에서 영향을 받은 게 분명하지만 산 넘고 바다 건너 유럽에서도 만두를 두루 먹는 걸 생각하면 정말이지 신기하다. 여행 중 이탈리아의 라비올리ravioli라든가 폴란드의 피에로기pierogi, 터키의 만티manti를 만났을 때의 그 반가움이란! 네모지거나 세모진 혹은 반달 모양의 얇은 만두

라비올리에 소스를 끼얹어 비비듯이 버무려 먹는 맛도 좋았고 하나만 먹어도 든든할 정도로 큼직한 피에로기, 독특하게도 새콤한 요거트를 끼얹어 먹는 엄지손톱만큼 작은 만티도 하나같이 묘하게 익숙하고 그리운 맛이다. 그리고 거기에 오늘 하나 더 추가다. 몽골의 호쇼르! 잘게 간 양고기에 다진 마늘과 양파를 섞고 소금 등으로 간을 한 소를 큼직한 만두피 안에 넣고 반으로 접어 양끝을 붙이면 요리 준비 완료. 우리식 만두처럼 끄트머리에 주름을 잡는다든가 하는 장식 없이 그저 반달 모양의 단순한 주머니 형태다. 손대는 족족 만두도 송편도 망치기 일쑤인 곰손이지만 호쇼르는 어렵지 않게 빚을 수 있겠다. 요걸 지질 때는 양고기 비계를 녹인 기름을 사용하는 게 보통이라고. 속에는 양고기가, 겉에는 양고기 기름이, 말만 들어선 무척 느끼할 것 같지만 먹어보니 괜찮은데? 몽골 음식과의 첫인사, 느낌이 좋다.

용기백배해 이번에는 양갈비를 주문하니 커다란 접시에 마치 기사식당 돈까스마냥 양갈비와 샐러드, 야채볶음과 오이, 밥이 함께 담겨 나온다. 푸짐하다. 실한 갈빗대를 세 대나 주는데 기름기가 많은 편이고 냄새도 강렬해 취향에 따라 호불호가 갈릴 듯하다. 근사한 레스토랑의 비싼 양갈비 스테이크라면 으레 지방 부위를 좀 잘라내고 조리할 것이고, 중국식 양꼬치도 숯불 직화구이라 기름기가 쏙 빠진 담백한 맛이지만 몽골식 양갈비는 그에 비해 훨씬 터프하다. 이것이 바로 몽골 초원의 기상인가! 같은 명태라도 처리법에 따라 동태와 생태, 황태와 북어 등 여러 이름으로 불리듯 양고기 역시 램lamb과 호젯hogget, 머튼mutton 등의 몇 가지 이름을 가진다. 그중 스테이크나 양꼬치, 볶

◀ 생김새도 맛도 터프한 양갈비. 용감하게 뜯어봅시다.
▶ 몽골 전통 음료 수태차를 빼놓으면 섭하지!

음 요리 등 대부분의 양고기 요리엔 램을 쓰는 것이 보통이다. 램은 한 살이 채 되지 않은 어린 양의 고기인데 육질이 연하고 특유의 누린내가 덜한 대신 가격이 비싸다는 아쉬움이 있다. 하지만 이곳 잘로스의 양갈비는 머튼이다. 최소한 20개월 이상, 보통은 2년 넘은 양의 고기다. 상대적으로 질기고 냄새도 강렬한데 요게 나름의 매력과 중독성이 있다. 강한 향의 허브와 향신료들이 대부분 그렇듯 처음에는 익숙하지 않은 냄새에 어이쿠야 하며 당황하지만 먹다 보면 어느새 푹 빠지게 된다. 마치 나쁜 남자 같은 매력이랄까?

갈빗대를 손으로 들고 신나게 뜯어 먹으면서 옆 테이블들을 탐색해보니 '수태차'를 마시는 사람들이 많다. 몽골어로 밀크티라는 뜻이다. 그럼 덩달아 한 잔. 뜨거운 차를 찰랑찰랑 잔 가득히 담아주는데 짭짤하고 닝닝한 맛이다. 우유를 넣은 차라고 하면 왠지 밀크티처럼 달짝하고 향기로운 걸 상상하게 되지만 요건 소금으로 간을 한 거라 그냥 뜨거운 국을 마시는 것 같다. 좀 묘한 게, 맛이 없는 것도 아니고 있는 것도 아니랄까?

수태차를 만드는 방법은 간단하다. 물 반, 우유 반, 그리고 녹차 잎과 소금을 한데 섞어 펄펄 끓이면 끝이다. 몽골에서는 낙타와 말, 야크와 염소, 양 등 다양한 가축의 젖을 이용해 만든다지만 잘로스의 수태차에선 딱히 낯선 누린내가 나지 않는 것을 보니 우유를 쓴 듯하다.

이곳 잘로스의 몽골 음식은 대부분 기름지고 느끼한 편인데 이는 유목 생활에서 비롯된 식문화다. 전통적으로 추운 고지대의 초원에서 늘 돌아다니는 유목 생활을 해왔으니 체온 유지와 체력 강화를 위한 고칼로리 섭취가 필수였기 때문이다. 주로 따뜻한 실내에서 생활하고 편리한 교통수단에 익숙한 도시 사람들이 매일같이 유목민의 음식을 먹는다면 금세 배가 볼록 나올 듯. 잘 먹었습니다! 입가의 양고기 기름을 슥슥 닦고 밖으로 나와 광희빌딩 방향으로 내려간다. 이곳은 동대문역사문화공원역 5번 출구 바로 앞이기도 한데, 건물 1층의 우리은행 간판엔 한글과 함께 Woori Bank라는 영어 이름뿐 아니라 키릴어 표기까지 되어 있다. 지역 맞춤 영업이다. 은행만 그런가? 대부분의 가게 간판과 유리창의 광고 문구에도 키릴어가 가득하니 재미있다. 광희빌딩 앞에서부터는 슬슬 몽골 거리가 끝나고 러시아, 우즈베키스탄 거리가 시작된다. 키릴문자는 러시아와 우즈베키스탄, 몽골과 카자흐스탄, 그리고 불가리아와 그리스 등 발칸반도의 여러 나라에서 두루 사용한다. 몇 년 전 불

저렴한 보드카와 찻잎, 러시아산 식료품을 파는 작은 가게.

가리아 배낭여행을 앞두고 급히 키릴 문자를 외우던 기억이 난다. 러시아산 보드카 병에 쓰여 있는 거나 구경해봤지 직접 공부하게 될 줄이야. 이 동네엔 어딜 가든 그때 그 문자가 가득하다. 온갖 생소한 음식 사진을 내건 식당들, 보드카와 시커먼 흑빵이 쌓여 있는 러시아 식료품점들, 맥주집과 노래방까지 하나같이 키릴문자 간판이다. 같은 문자를 쓰고 있으니 러시아 상인들이 터

▼ 골목 안쪽에 숨어있는 사마르칸트 식당들.
▶ 조금은 촌스러운 듯, 이국적인 실내 분위기.

를 닮아놓은 이곳 동대문 광희동에 우즈베키스탄인과 몽골인들이 뒤이어 자리 잡기도 좀 수월했을 것이다.

이 주변에서 제일 잘 알려진 곳이라면 역시 우즈베키스탄 식당인 '사마리칸트', 아니 '사마르칸트', 아니 '사마루칸트'다. 이름이 뭔지 헷갈려 그러느냐고? 실은 광희빌딩 길 건너편의 좁은 골목 안쪽엔 요 미묘하게 다른 간판을 각각 단 식당이 세 군데나 있기 때문이다. 자그마한 규모로 시작한 식당이 생각 외로 잘되어 곧 2호점, 3호점까지 오픈한 것이라고. 그런데 우즈베키스탄인 사장님의 우리말 발음이 아무래도 좀 어눌한지라 간판 제작을 의뢰할 때마다 사마리, 사마르, 아니 사마루 식으로 미묘하게 우리말 철자가 달라진 거란다. 그 옛날 실크로드의 중심지이기도 했던, 우즈베키스탄의 아름다운 도

시 이름이다. 가족들이 함께 운영하는 식
당이라 세 군데의 메뉴와 가격, 분위기는
거의 똑같다. 즉 둘러보고 내키는 곳에서
식사를 하면 그만이다.

10여 년 전 식당을 오픈했을 때만 해도 우
즈베키스탄과 러시아 음식을 파는 곳이
딱히 없었다니 그야말로 블루 오션이었
겠네. 이 집은 음식 맛도 좋지만 메뉴판이
또 명물인데, 어눌한 우리말로 번역한 음
식 이름들이 그렇게 재미날 수가 없다. 예
를 들어 볶은 양고기가 들어간 큼직한 삼
각형 빵 쌈싸samsa는 '빵 속에 고기'라고
번역하는 식이라 음식 사진을 보면서, 손
짓발짓을 곁들여 물어보면서 과연 어떤
요리일지 추측해야 한다. 조금은 불편하
지만 오히려 그게 매력. 우리말로 매끄럽
게 번역하면 그 재미가 사라질 테니 사장
님, 부디 그냥 놔두어주세요!

몽골 식당 못지않게 우즈베키스탄 식당에
도 양고기 요리가 가득한데, 같은 고기라

식당 벽 메뉴판들. 뭐부터 먹어볼까나?

도 연변 거리의 양꼬치나 몽골 식당의 양갈비와는 또 다른 맛이다. 문화권마다 사용하는 향신료와 조리법이 다 다르니 그렇겠지? 포크를 갖다 대자마자 뼈와 살이 분리될 정도로 부드러운 양갈비찜 카잔 카봅kazan-kabob도, 골프공 사이즈의 큼직한 고깃덩어리를 숯불에 구워낸 향기로운 양고기 꼬치구이 샤슬릭shashlik도 이곳만의 독특한 맛이 있다. 설명하긴 어려우니 일단 와서 한번 잡숴봐! 특히 카잔 카봅은 무쇠냄비라는 뜻의 카잔과 케밥의 우즈베키스탄식 발음인 카봅의 합성어인데 우리식 갈비찜과는 재료도 맛도 꽤 다르지만 야들야들 보들보들한 육질만큼은 비교할 만하다. 별다른 양념 없이 소금과 후추, 커민 정도만 넣은 것인데 함께 익힌 감자에도 고깃국물이 잘 배어 맛이 좋다.

고기 요리를 주문했다면 가늘고 길게 채 썬 당근을 새콤달콤하게 무친 우즈

베키스탄식 샐러드를 곁
들여보자. 느끼함이 싹 사
라진다. 말이 좋아 샐러드
지, 사실 생긴 것만 봐선
그릇에 당근만 한 주먹 담
아놓은 게 아닌가 싶을 정
도로 볼품없다. 하지만 맛
은 좋다! 우선 굵직 큼직
한 당근 하나를 가늘게 채
친 다음 다진 마늘 약간과
설탕을 솔솔 뿌려 버무려
10분쯤 절였다 국물을 꼭
짜내고, 다시 소금과 후

새콤달콤 당근 샐러드. 재미없게 생겼지만 맛은 최고랍니다.

추, 식초와 올리브오일로 양념해 반나절가량 맛이 배도록 놓아두면 끝이다.
아삭아삭 사각사각하고 새콤한 게 자꾸만 손이 간다. 당근 특유의 냄새를 별
로 좋아하지 않는데도 요건 참 맛있다.

뜨끈한 국물이 필요할 땐 채소가 듬뿍 들어간 보르쉬borscht 수프라든가 라그
만lagman을 추천. 둘 다 느끼하지 않고 시원한 쇠고기 육수를 썼는데 보르쉬
는 비트가 들어가 있어 특유의 시뻘건 색에 처음엔 화들짝 놀라게 되지만 맛
은 무난한 편. 좀 더 독특하게 먹고 싶다면 스메타나smetana를 얹어보자. 우

따끈따끈한 라그만. 감자와 당근 아래 굵직한 면발이 숨어 있다.

유의 지방 성분으로 만든 새콤한 맛의 흰색 크림인데 요거트나 사워크림sour cream과 무척 비슷하지만 지방 함량이 더 높아 뱃살과 볼살 증식에 더욱 효과적이다. 보르쉬에다 한 큰술 듬뿍 넣어 먹으면 고소하니 맛있다. 라그만은 폭 익은 감자와 당근이 듬뿍 든 칼국수 같은 음식이라 역시 부담 없이 먹을 수 있다. 허브인 딜을 듬뿍 다져 올리니 향긋해서 좋네.

라그만이라는 이름은 중국어 라미엔拉麵의 변형이다. 라미엔이라니, 혹시 라면? 정답! 우리나라와 일본, 중앙아시아 여러 나라에서 흔히 먹는 바로 그 국수다. 나라마다 재료도, 만드는 방법도 크고 작은 차이가 있지만 모두 밀가루 반죽을 손으로 쭉쭉 뽑아 만드는 중국식 수타면에서 비롯된 요리들이라는 사실이 재미있다. 온 김에 술도 한잔할까나? 보드카와 맥주 등이 준비되어 있는데 그중 러시아 맥주 '발티카'를 한 병 주문한다. 요즘은 대형마트에서도 어렵지 않게 살 수 있지만 그래도 요런 외국 맥주들은 여전히 생소하고 신기하다. 발티카 맥주병엔 3, 5, 7 하는 식으로 번호가 붙어 있는데 숫자가 커질수록 알코올 도수도 높아진다. 도수 5.8의 7번 맥주를 퐁 따서 시원하게

식당 앞 진열장엔 크고
둥그런 빵이 그득.

우즈베키스탄 빵집 '라타'. 간판 위쪽에 외국어로만 쓰여 있어 그냥 지나치기 딱 좋은 간판이에요.

한 잔 쭈욱. 그래서 맛은? 뭐, 그냥 맥주 맛. 하하하.

계산대 옆엔 둥그런 빵이 쌓여 있는데 어휴, 얼핏 봐도 꽤 크다. 이걸로 한 대 맞으면 장난이 아니겠는데? 이 큼직한 레페쉬카lepeshka빵은 식당들뿐 아니라 근처의 러시아 식료품점에서도 다들 잔뜩 쌓아두고 판매 중이다. 하지만 직접 굽지는 않고 어디선가 사온다는데⋯⋯. 그게 대체 어디지? 설마 우즈베키스탄 현지에서 수입해오진 않겠지? 실은 바로 근처에 빵집이 있다. 이름하여 '라타'RaTa. 간판에 우리말 표기가 없는데다 딱히 빵집스러운 인테리어도 아닌지라 영영 모르고 지나칠 수도 있는 가게다. 처음 이곳에서 빵을 사 먹었던 것이 약 6년 전인데 그때나 지금이나 참 한결같다. 시간이 멈추기라도 한 듯, 어째 뭐 하나 달라진 것 없이 똑같단 말이지. 빵 가격이 좀 올랐다는 것만 빼고는.

요 피로슈키 한 개면 속이 든든!

자, 쇼핑 좀 해볼까나? 빵의 이름도, 재료도, 가격도 표시되어 있지 않아 매의 눈으로 살펴보다 운에 맡기고 콕 찍는다. 부디 맛있는 걸 골랐기를! 묵직한 흑빵 덩어리와 더불어 라타 빵집의 얼굴마담격인 피로슈키pirozhki는 러시아에서 무척 흔하게 먹는 빵이다. 럭비공이나 커다란 중국식 찐만두 비슷하기도 하다. 반을 갈라보니 양고기와 양파를 달달 볶은 게 알차게 꽉꽉 들어가 있다. 크기가 꽤 커서 이것 하나만 먹어도 배가 차겠지만 몇 가지 더 골라본다. 얇은 팬케이크 블리니blini 안에다 리코타 치즈를 넣어 돌돌 만 달달한 크레이프, 역시 리코타 치즈를 한 덩어리 넣고 구운 둥그런 빵 등등 처음 보는

삼각형의 양고기 빵, 이름은 쌈싸.

음식들이 자꾸만 유혹의 손짓을 보내니 못 이기는 척 넘어가준다. 어느 동네에서든 만날 수 있는 체인 제과점의 야들야들하고 세련된 맛과는 다르게 좀 퍽퍽한, 약간은 촌스러운 맛이지만 구수한 게 나름의 매력이 있다.

이건 뭐예요, 여긴 뭐가 들었어요 하고 물으니 고려인인 듯한 주인아주머니가 열심히 설명을 해준다. 외국인 거리의 가게가 대부분 그렇듯 이곳에서도 손짓발짓을 곁들인 어눌한 우리말 설명이지만 그래도 눈치껏 어떻게든 알아들을 수 있다. 빵을 가리키며 무슨 맛이냐고 물으면 '양코기~'라고 대답해주는 식이니까. 가게 안에는 빵 진열대뿐 아니라 유제품과 육가공품이 든 냉장 진열장도 있다. 직접 만들었다는 요거트와 스메타나, 리코타 치즈가 먹음직스럽다. 특히 리코타 치즈는 아주머니의 표현을 빌자면 '우유 두부'란다. 두부를 으깬 것 같은 모양이라 그런 설명을 해준 모양이다. 그 외에도 달콤해 보이는, 조금은 촌스럽게 생긴 케이크들도 있다. 어렸을 때 먹던 생일 케이크가 생각나는 모양새네. 빵은 모두 가게 2층에서 굽는다는

데, 아쉽게도 구경할 수는 없었다.

아휴, 몽골 음식에 우즈베키스탄과 러시아 음식을 잔뜩 먹고 거기다 이국적인 빵까지 한 아름 사들고 나니 어디 멀리 여행이라도 다녀온 기분이다. 아직은 조금 낯선 외국인 거리들이지만 왔다 갔다 하다 보면 금세 익숙해지겠지. 그들이 우리에게, 우리가 그들에게.

영어 알파벳이다가 아니다, 키릴 문자
몽골어로는
Xyywyyp
호쇼르
드세용~
몽골
전통의상(?)
허허···
한개도 모르겠구려···
뇌세포
다 죽은
1인
영어 알파벳으로는
Khushuur~
독특한 키릴문자들~
은근 많은 나라에서 쓰고 있어요
러시아   몽골   불가리아
        우크라이나   세르비아 등등

몽골 Mongolia °

중앙아시아에 위치한 나라로 북쪽은 러시아와, 남쪽은 중국과 국경을 마주하고 있다. 수도는 울란바토르이다. 인구의 30퍼센트 이상이 유목민으로 국토 대부분을 차지하는 초원지대 스텝에 거주한다. 국민 대다수가 티베트 불교를 믿는다. 만두와 볶음밥, 볶음국수, 수프 등 양고기를 사용한 다양한 음식이 있다.

러시아 Russian Federation °

1991년, 소비에트연방이 해체되면서 탄생한 나라로 세계에서 가장 넓은 영토를 가졌다. 수도는 모스크바이다. 지리적인 이유로 동양과 서양의 문화가 혼합되어 있다. 국민 대다수가 러시아 정교회 신자(**80퍼센트 이상**)이다. 러시아 요리는 크게 화려한 궁정 요리와 소박하고 영양가 높은 서민 요리로 나뉜다. 양고기와 청어, 대구, 풍부한 유제품과 감자, 양배추 등을 이용한 음식이 많다.

우즈베키스탄 Republic of Uzbekistan °

소비에트연방에서 독립한 나라로 수도는 타슈켄트이다. 중앙아시아 내륙에 위치하며 국토의 대부분이 낮은 초원과 황무지라 과거에는 유목 생활을 주로 했다. 그 영향으로 대다수 음식 조리법이 원재료를 그대로 살리는 간단한 것들이다. 국민의 90퍼센트가 무슬림이라 돼지고기와 술을 금하는 등 교리에 따른 식생활을 고수한다.

몽골 거리, 어떻게 찾아갈까?

지하철 2, 4, 5호선 동대문역사문화공원역 12번 출구 바로 앞 골목, 뉴 금호타워 건물과 그 주변이 몽골 거리이다. 러시아, 우즈베키스탄 거리는 지하철역 5번 출구 앞의 광희빌딩 주변.

볼 것, 먹을 것

• 잘로스

서울 중구 광희동 1가 143. 뉴 금호타워 3층. 군만두(호쇼르)와 칼국수 볶음(체왕), 쇠고기굴야쉬(굴리야쉬) 등이 무난하다. 양고기를 좋아한다면 양갈비탕(하위르가테술)과 양갈비에 도전! 따끈하고 짭짤한 수태차도 마셔보자.

• 사마르칸트

서울 중구 마른내로 159-23. 지하철역 5번 출구 앞 광희빌딩 건너편 골목 안쪽. 이름이 같은 식당이 세 군데다. 양고기가 들어 있는 빵인 쌈싸와 새콤한 당근 샐러드는 기본으로 주문하는 것이 좋다. 본요리로는 샤슬릭과 라그만, 양갈비를 추천.

• 라타

서울 중구 광희동 1가 152-2. 지하철역 5번 출구 앞 광희별관 옆 건물. 붉은 간판에 러시아어 간판이 달려 있다. 볶은 양고기를 넣은 쌈싸, 피로슈키 추천.

안산 

Ansan

지하철 4호선 안산역에 내려 밖으로 나오면 정면에 지하도 입구가 보인다. 평범한, 실은 좀 칙칙해 보이는 그저 그런 지하도지만 요게 이래 봬도 신기방기한 세상으로 통하는 문이라는 사실! 계단을 내려가 길 건너편으로 빠져나오면 온갖 외국어 간판으로 가득한, 딱 봐도 재미나게 생긴 풍경이 눈앞에 쫙 펼쳐진다. 바로 안산 원곡동의 다문화 거리다. 앗싸, 제대로 찾아왔구나!

진짜배기
베트남 쌀국수

파파야 무침

폭신한 월병

다양한 문화가 다 모였네 – 안산 다문화 거리

지하철 4호선 안산역에 내려 밖으로 나오면 정면에 지하도 입구가 보인다. 평범한, 실은 좀 칙칙해 보이는 그저 그런 지하도지만 요게 이래 봬도 신기방 기한 세상으로 통하는 문이라는 사실! 계단을 내려가 길 건너편으로 빠져나

인기만발 해바라기씨.

오면 온갖 외국어 간판으로 가득한, 딱 봐도 재미나게 생긴 풍경이 눈앞에 쫙 펼쳐진다. 바로 안산 원곡동의 다문화 거리다. 앗싸, 제대로 찾아왔구나!

거리 초입부터 중국인들이 무척 좋아하는 꽈즈瓜子, 즉 해바라기씨가 가득한데, 즉석에서 볶아 파는 노점이

그야말로 다문화 거리다운 휴대폰 매장.

며 포장되어 있는 완제품을 쌓아놓은 가게들이 널려 있다. 물론 길바닥엔 껍질이 우수수. 덩달아 한 봉지 사서 입에 몇 개 넣고 우물우물했지만 어라, 생각처럼 껍질이 잘 벗겨지지 않는다. 뭔가 요령이 있을 텐데, 햄스터가 빙의해야 잘되려나? 에헤이, 하며 노점 아저씨가 시범을 보여주는데 해바라기씨를 윗니와 아랫니 사이에 끼우고 힘을 주어 깨물어 껍질을 벗겨야 한단다. 그렇구나! 대신 너무 많이 먹으면 이 사이가 벌어지기 딱 좋겠다. 조심해야지. 휴대폰 매장도 만만치 않게 많다. 이 거리에만 대체 몇 군데인지 모르겠네. 유리창으로는 부족한지 매장 앞 길바닥에까지 광고문구를 잔뜩 붙여놓았는데 어디 보자, 영어는 기본이고 한자와 베트남어, 몽골어에다 네팔어, 태국어까지! 언어 수만 세어봐도 이 동네 주민들의 국적 파악이 되겠구나.

이곳 안산 원곡동은 서울시 영등포구, 시흥시 정왕동과 더불어 외국인 거주자가 많기로 손꼽히는 지역이다. 그 옛날, 그러니까 1970년대 중반 시흥군과 화성군의 일부를 반월 공업단지로 조성했더랬다. 그러자 서울의 크고 작은 제조업 공장들이 이곳으로 이전하면서 급속히 규모가 커져 1986년에는 안산시로 승격된 것. 우리나라 근로자들도 많이들 안산으로 이주했지만 서서히 상대적으로 인건비가 저렴한 외국인 근로자들의 수가 늘어나 1990년대 후반 즈음엔 본격적인 외국인 촌으로 거듭났단다. 자리 잡고 사는 외국인들은 물론 그들을 만나러 오는 가족, 친지도 무척 많아 주말이면 언제나 복작복작 인기만발인 거리다. 미국으로 이민 간 친구가 말하길 한 달에 한 번쯤은 코리아타운에 놀러 가 짜장면이며 짬뽕, 순대국도 사 먹고 한인 슈퍼마켓에서 장도 왕창 봐온다고 하던데 하하, 그 얘기가 생각나네. 이런저런 생필품이야 현지 조달을 한다 해도 음식만큼은 어릴 적부터 먹어온 것이 진정 소울푸드겠지! 그나저나 아까부터 코끝에 걸리는 이 쨍한 냄새의 정체는? 바로 허브의 한 종류인 코리앤더다. 비누 같기도 한 특유의 알싸한 향 때문에 호불호가 명확히 갈린다. 싫어하는 사람들은 심지어 '악마의 겨드랑이 냄새'라는 기가 막힌 표현을 곁들일 정도다. 코리앤더는 우리나라에선 고수, 중국에선 '샹차이', 남미에선 실란트로cilantro, 태국에선 팍치pakchi, 베트남에선 라우 무이rau mui 등의 여러 이름으로 불린다. 이름이 많다는 것은 그만큼 다양한 문화권에서 두루두루 먹는다는 소리인지라 일단 정을 붙이고 나면 그다음부턴 웬만한 외국 음식은 다 편안하게 받아들일 수 있다는 말씀. 동남아와 중국뿐 아니라 스페인, 터키, 남미 등의 어지간한 음식엔 코리앤더를 팍팍 넣으니 말이다. 레몬그라스lemongrass와 갈랑갈galangal 등 동남아 음식에 두루 쓰이는 향신료들도 눈에 띈다. 앗, 잠깐! 저건 두리안 아냐? 특유의 구린내를 풀풀 풍

◀ 저절로 한자 공부가 되는 정육점 현수막.
▶ 돼지 귀라, 이걸로 어떤 요리를 해볼까?

기는 과일의 황제 두리안. 이런 것들을 길거리에서 쉽게 볼 수 있다니 여러모로 재미난 동네다.

이번엔 고기 차례! 크고 작은 정육점마다 상당히 다양한, 때로는 생소한 부위의 고기를 팔고 있다. 대형마트의 유리 진열장 안에 깔끔하게 정리되어 있는 것만 보다가 이런 생생한 고깃덩어리를 보니 낯설기 그지없다. 어릴 적 엄마 손을 잡고 따라다니던 시뻘건 조명의 동네 정육점에 대한 추억이 떠오르기도 한다. 안산 다문화 거리의 정육점은 소 힘줄과 돼지 염통, 양 궁둥이 살과 돼지 혓바닥, 개고기 등을 우리말 대신 중국어와 베트남어, 몽골어 등으로만 표기한 곳이 더 많다. 주요 고객이 한국인은 아니라는 소리다. 그나저나 돼지 귀 한 쌍에 2천 원이고 돼지 염통 한 개에 천 원이라니 싸네 싸! 마트에선 결코 본 적이 없는 특수 부위들이다. 이런 생생한 고깃덩어리를 보니 그 야성미 넘치는 모습에 은근히 설렌다.

정육점들 사이 어딘가에서 아름다운 냄새가 솔솔 풍겨오기에 황홀한 눈으로 고개를 쑥 들이미니 역시나 잔뜩 쌓여 있는 족발이 보인다. 아니 잠깐, 얼핏

한 개 천 원, 다섯 개 4천 원! 짭짤한 염장 오리알.

때깔만 봐서는 족발 같지만 가까이 다가가 보니 양념 국물에 푹 조려낸 닭과 돼지머리, 오리 목 등이다(물론 족발도 있다). 평소 먹던 것과는 다르지만 일단 눈을 감고 냄새만 킁킁 맡으면 영락없는 장충동 족발 골목의 향기. 대충 어떤 맛일지 감이 잡힌다. 순대도 함께 팔고 있는데 이름하여 연변순대다. 얼핏 봐도 내 팔뚝만한 시꺼먼 순대가 김을 펄펄 내뿜고 있다. 와, 이런 거라면 서너 점만 썰어 먹어도 배부르겠는데?

새하얀 오리알을 소쿠리 가득 쌓아놓고 파는 노점들도 있다. 날것이 아니라 삶은 것인데, 생 오리알을 진한 소금물에 담가두거나 아예 소금에 파묻어 삼투압 현상으로 노른자 속까지 짭짤하게 간이 배도록 만든다. 보통 2주일이면 전체적으로 간이 배는데 요걸 푹푹 삶아 밥이나 죽의 반찬으로 함께 먹는다. 중국과 대만, 홍콩의 시장이나 슈퍼마켓에서 무진장 흔하게 볼 수 있는데 이제 가까운 안산에서도 구할 수 있다니 반가울 따름이다. 몸이 근질근질하지만 당장 여행을 떠나기 어려울 땐 외국인 거리 나들이만한 게 없다니까.

길거리 생선 코너. 잉어의 인기가 제일로 높다.

빵집도 여럿 눈에 띈다. 하지만 식빵이나 팥빵, 케이크를 파는 곳이 아니라 중국식 빵집이라는 사실. 입구에 큼직한 가마솥을 내놓고서 거대한 꽈배기 짜마화를 튀기고 있는데 이게 얼마나 거대한가 하면 문자 그대로 어른 팔뚝 만한 사이즈다. 갓 튀긴 꽈배기는 정말 유혹적이다! '지우개도 튀기면 맛있 어진다'는 말이 있을 정도인데다 중국인들의 튀김 솜씨까지 더해지니 말 다 했지. 꽈배기뿐인가, 중국식 아침식사에 빠지지 않는 튀김빵 요우티아오油條 도 무척 맛있어 보인다. 얇게 밀어 손가락만하게 자른 자그마한 밀가루 반죽 을 끓는 기름솥에 집어넣으니 금세 커다랗게 부풀어 오르는데, 그 과정이 어 찌나 신기한지 우와 소리가 절로 나온다. 요걸 한입 크기로 성둥성둥 잘라 따

끈한 두유인 또우쟝豆漿과 함께 먹기도 하고 뜨거운 죽에 담가 먹기도 한다. 아침 빈속에 웬 튀김빵이냐 싶겠지만 일단 먹어보면 얘기가 달라질 만치 매력 있다. 특히 중국식 죽인 쪽粥에다 요우티아오를 푹 담그면 뿅뿅 뚫린 구멍 속으로 뜨거운 죽이 스머드는데 그걸 후후 잘 불어서(입 안을 홀랑 데이기 쉬우니 조심해야 한다) 한입 가득 넣고 와작 씹는 맛은 정말이지 끝내준다. 아무래도 한 봉지 사야지 안 되겠네. 그 옆의 아기 머리통만한 만두랑 달콤한 월병도 전부 탐나는데 큰일이다. 이곳이 천국이구나!

그렇게 노점 음식만 있느냐, 그럴 리가요. 이곳 안산 다문화 거리엔 외국 음식을 파는 식당이 150군데도 넘는다는 사실! 전부 다 신기하니 대체 어디에 가서 뭘 먹어야 할지 고민이다. 베트남 쌀국수라든가 인도 커리 같은 음식이야 이젠 어딜 가든 쉽게 만날 수 있으니 제외

중국의 중추절 음식 월병. 물론 언제 먹어도 맛있죠.

할까도 싶지만 안산에서라면 얘기가 달라진다. 현지와 거의 똑같은 맛을 내니 해당 지역으로 여행을 다녀왔거나 유학 등의 경험이 있는 사람들이라면 다들 반가워할 듯. 게다가 가격까지 저렴하다. 동네 사람을 상대로 하니 그럴 수밖에. 입을 헤 벌리고서 한 바퀴 쭉 돌아보니 연변식 중국 음식점을 비롯해 인도와 파키스탄, 베트남, 우즈베키스탄, 태국과 인도네시아, 심지어 캄보디아 식당까지 생소한 간판들이 가득해 조금만 떨어져서 보면 이곳이 대체 어느 나라인지 헷갈릴 정도다. 그러고 보면 지금 이 거리에 한국인은 과연 몇 명이나 있을까 궁금해진다. 설마 나 혼자인 건 아니겠지?

누군가 광고 전단지를 손에 덥석 쥐어준다. 얼결에 받아보니 자격증 취득 관련 학원의 광고다. 창문 새시 조립 기술을 비롯한 이런저런 기능사 자격증을 취득하면 비자를 연장할 수 있다는 내용이다. 멀뚱멀뚱 읽어보다 근처 쓰레기통에 버렸지만 누군가에겐 절실한 정보일지도 모른다. 거리 곳곳엔 인력 사무소에서 붙인 구인광고도 많다. 그러고 보면 난 누군가의 삶의 터전에 잠시 들어온 이방인인 셈이다. 이곳의 은행들 간판엔 여타 외국인 거리와 마찬가지로 한자는 물론 영어와 베트남어 등이 함께 표기되어 있다. 본국의 가족들에게 매달 생활비를 송금하는 사람이 많은 만큼 주말에도 은행 문을 열고 전용 창구를 개설, 외국어에 능숙한 직원을 배치하는 등의 서비스는 필수다. 2009년 다문화 마을 특구로 지정된 이후 안산시에서는 이주 노동자들이 정착해 살기 좋도록 적극적으로 지원하고 있다. 이들이 안산 경제에 큰 역할을 하고 있으니 당연한 일이다. 만약 이주 노동자들이 사라진다면 반월 공업단지는 당장 위태로워질 수도 있다.

◀ 구인광고지엔 중국어 반, 우리말 반.
▶ 친숙한 은행 간판인데도 왠지 낯설게 느껴지는 이 기분은 뭐지?

어디, 저 건물 2층의 '바타비아'Batavia 식당에 가볼까? 슈퍼마켓과 식당을 겸하고 있는데 태국이라든가 베트남 식당에 비해 인도네시아 식당은 드문 편이라 눈에 확 띈다. 머뭇머뭇 테이블에 앉으니 친절한 인도네시아인 종업원이 한글이라곤 단 한 글자도 없는(앞뒤로 살펴봤지만 정말 없다!) 메뉴판을 가져다준다. 큰일 났네. 저기, 이거 어떡해요? 머리를 벅벅 긁고 있는데 다행히 한국인 종업원이 나타나 이건 닭이고 이건 국수, 또 이건 밥이라며 요리조리 설명을 해주어 무사히 음식 주문 성공. 조리하는 사이 바로 옆의 슈퍼마켓을 구경한다. 인도네시아뿐 아니라 베트남과 태국, 말레이시아 등 동남아 여러 국가의 식료품이 가득하다. 인터넷 쇼핑몰에서도 이런 외국 식재료를 살 수 있지만 그래도 눈으로 직접 보니 좋다. 음식이 나왔다기에 후다닥 테이블로 돌아오니 큼직한 둥근 접시에 바삭한 닭튀김과 길쭉한 쌀로 지은 밥, 채소 샐러드 같은 것들이 그득하다. 얼핏 보면 닭튀김 백반인가 싶은데 먹어보니 레몬그라스 향기가 솔솔 나는 달콤한 땅콩 소스라든가 고추와 새우, 마늘 등을 찧어 만든 매콤한 삼발sambal 등 여러 가지 독특한 향신료가 화려한 향을 풍긴다. 하나하나 맛

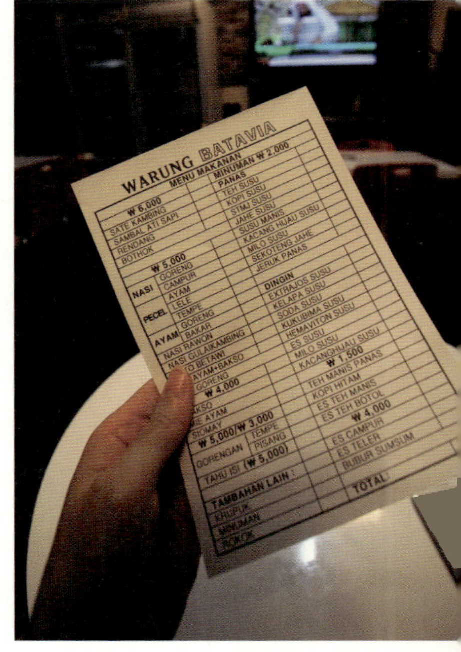

도전! 인도네시아 식당 메뉴판 해독하기!

도 괜찮은걸?

특히 붉은색의 걸쭉한 삼발이 포인트인데 된장과 고추장, 간장을 빼놓고 우리나라 음식 얘기를 하기 어렵듯 삼발을 빼놓고 인도네시아 음식을 논할 수 없다. 인도네시아만? 말레이시아와 싱가포르도 마찬가지다. 고운 빨간색으로 잘 익은 고추(아주 작고 아주 맵다)를 기본으로 하는 소스인데 돌절구에 고추를 득득 빻은 다음 새우젓(동남아시아에서도 새우젓을 먹는다. 세계는 하나!!)이나 피시소스, 마늘과 생강, 양파, 라임즙이나 새콤달콤한 타마린드 tamarind 즙, 식초와 설탕 등 다양한 재료들을 요렇게 조렇게 입맛대로 섞으면 완성. 인도네시아에만 해도 최소한 300가지 이상의 삼발 종류가 있다니 굉장하다. 물론 직접 만들 필요 없이 한 병 사다 먹어도 되는데, 인도네시아나 말레이시아의 슈퍼마켓엔 실로 다양한 브랜드의 삼발 소스가 구비되어 있다. 안산을 비롯한 여러 외국인 거리의 식료품점이라든가 인터넷 쇼핑몰을 통해서도 구입이 가능하니 도전해보시라. 인생 뭐 있나요? 궁금하면 일단 먹어보는 거죠!

식당 한 켠의 식료품점. 달콤한 연유 깡통이 쌓여 있어요.

삼발과 더불어 인도네시아 식탁에서 빠질 수 없는 게 뗌뻬tempeh라는 발효식품이다. 메주콩을 삶은 다음 으깨서 네모지게 빚어 발효시킨 것이니 이거야 원 지구는 둥글다는 소리를 또 한 번 할 수밖에 없다. 하지만 먹는 방법은 우리와 전혀 다른데, 살짝 소금물에 절였다가 튀김옷을 입혀 바삭하게 튀겨 먹는 게 보통이다. 콩 특유의 담백한 맛과 살짝 시큼한 발효취가 어우러져 왠지 친숙한 맛이 난다.

여세를 몰아 이번에는 베트남 식당 '풍황'Phung hoang으로 가본다. 베트남어 메뉴 옆에 간단한 한글 설명도 되어 있어 주문하기 편하다. 메뉴 뒤편엔 한국인들 입에 맞을 만한 음식들만 골라 쫙 모아놓았는데 주인아주머니가 대뜸 그 페이지를 펼치며 여기서 골라보라고 권한다. 하지만 왠지 삐딱선이 타고 싶어져 이왕이면 모르는 음식에 도전. 에라 모르겠다!

◀ 인도네시아 백반 한 접시. 뭔가 푸짐하구나.
▶ 베트남 식당 '풍황'의 조미료들. 현지의 모습과 똑같네!

테이블 위엔 각종 조미료가 든 플라스틱 바구니가 놓여 있는데 그 모양새가 정말 베트남 현지 식당 같다. 호치민이며 달랏, 호이안 등 베트남 곳곳을 배낭여행으로 돌아다니며 보았던 딱 그 느낌. 어지간한 음식엔 다 들어가는 멸치 액젓 '느억맘'을 비롯해 새콤달콤하게 절여놓은 월남고추, 월남쌈용 땅콩 소스 등. 특히 느억맘을 빼놓고는 베트남 음식을 이야기하기가 어려운데, 온갖 무침과 볶음에도 팍팍 들어가고 설탕과 식초, 고추와 마늘 등을 넣어 다양한 음식을 찍어 먹는 용도로도 쓴다. 우리도 겉절이라든가 나물 무침에 멸치나 까나리 액젓을 넣는 경우가 많으니 이름만 달랐지 느억맘은 이미 우리도 흔히 먹고 있다는 사실.

아주머니가 양념과 조미료를 일일이 설명해주는데, 이 한국 사람이 베트남 음식을 먹을 줄 알까 걱정하는 눈치기에 '저 베트남 여행도 다녀왔어요. 다 잘 먹어요!'라고 선수를 치니 반가워한다. '한국 사람 이거 필요해요, 이거 같이 먹어요'라고 하며 양념통을 하나 더 주는데, 뭘까 하고 냄새를 맡아보니 다름 아닌 초고추장. 김치도 있으니 필요하면 얘기하란다. 하긴, 어지간히 생소한 음식이라도 고추장이나 김치가 있으면 대충 어떻게든 먹을 수 있는 게 한국 사람이지. 나라마다 그런 음식들이 다들 있을 것이다.

주문한 쌀국수가 나왔다. 메뉴에 의하면 반 깐 지오 헤오 호악 팃banh canh gio heo hoac thit이라는, 뭔가 무시무시한 이름의 국수인데 그 옆에는 한글로 달랑 '족발+우동'이라고만 쓰여 있다. 그러니 궁금해서 안 시킬 수가 없잖아! 그나저나 이야, 정말 베트남 여행을 하면서 먹었던 그 모습과 그 향기

허브 냄새로 사람 기를 확 죽이는 진짜배기 베트남 쌀국수.

다. 국물에 떠 있는 자그마한 초록색 허브 잎사귀들이 그 냄새의 주인공인
데 이름하여 라우 람rauram. 코리앤더보다 훨씬 강렬해 정신이 번쩍 든다.
이 냄새를 제대로 표현할 단어가 딱히 떠오르지 않아 무척 답답한데, 잎사
귀를 하나씩 떼어 여러분의 입안에 넣어주고 싶은 심정이다. 누군가는 향

굿하다며 좋아할 것이고 누군가는 퉤퉤 뱉으며 욕을 할 것이다. 그만치 독특한 향. 하여간 이 음식은 국물 찰랑한 쌀국수에 푹 삶은 자그마한 돼지 족 두 덩어리랑 선지 한 덩어리를 넣고 그 위엔 튀긴 마늘을 듬뿍 얹은 것이다. 곁들여 나온 다진 고추를 홀랑 집어넣었더니 으악, 엄청 맵다!!!! 느낌표 네 개로는 부족한 매운 맛! 흔히 월남 고추라고 하는 베트남 고추 ớt은 크기는 작지만 맛은 장난이 아닌 게, 먹는 순간 아무 생각이 없어질 정도다. 인간사 기쁨이고 슬픔이고 나발이고 싹 다 잊게 되는 공포의 매운맛. 여기에 허브가 강한 향기까지 풀풀 내뿜으니 국수가 코로 들어가는지 입으로 들어가는지 정신이 없다. 어이구! 그 사이 놈 두 두 뜸 팃nom du

파파야 무침. 만만해 보이지만 무척 맵고 강렬한 맛.

du tom thit도 나왔다. 메뉴판의 우리말 설명에 의하면 파파야 무침이라는데, 맛은 둘째치고 참 보기 좋다. 색이 어찌나 화려한지! 채 썬 녹색 파파야와 당근을 돼지귀 편육과 튀긴 마늘, 새우, 고추, 허브와 함께 새콤매콤하게 버무린 음식이다. 한입 먹으려니 역시나 허브인 라우 람의 향기가 강력하게 치고 들어온다. 다시 한 번 베트남 여행의 추억이 떠올라 반가우면서도 한편으론 힘들기도 하다. 그래도 식당 아주머니가 재 괜찮나, 하는 듯한 표정으로 보고 있으니 힘을 내야 해! 입가심으론 베트남식 커피 카페 수아다ca phe sua da가 딱 좋다. 에스프레소와는 비교가 안 될 정도로 진하게 내린 커피에 달콤하고 부드러운 연유를 듬뿍 섞은 것인데 얼음을 잔뜩 넣어 시원하게 마시면 끝내준다. 베트남에서 재배하는 커피는 대부분 로부스타 종으로 아라비카 종에 비해 쓴맛이 강해 연유를 넣어 부드럽게 마시는 경우가 많다. 코코넛 밀크와 젤리, 두리안 과육과 연유 등을 넣은 디저트 '쩨'도 별미다. 베트남엔 콩과 팥, 연꽃 열매, 온갖 과일 등 다양한 재료로 만든 뜨겁거나 차가운 쩨가 있는데 이곳 풍황 식당엔 아쉽게도 한 종류뿐이다. 두리안 특유의 고릿한 냄새를 좋아한다면

연유 듬뿍 베트남 커피는 입가심용으로 완벽하다.

먹어볼 만하다.

다문화 거리가 끝나는 지점엔 '모두'라는 다문화 어린이 도서관이 있다. 이름 참 잘 지었네! 신발을 벗어놓고 안으로 들어가 본다. 우리말과 중국어, 인도네시아어 등 다양한 언어로 된 팸플릿이 갖추어져 있다. 내부가 화사하고 깨끗한 게, 한눈에 참 잘해놓은 곳이구나 하는 느낌이 든다. 다문화 도서관답게 세계 여러 나라의 책들이 갖추어져 있는데 어휴, 정말 다양한 언어들이다. 중국어와 몽골어, 베트남어와 아랍어, 캄보디아어, 인도네시아어, 프랑스어와 스페인어, 일본어와 영어 등등. 외국 배낭여행 중 온갖 국적의 여행자들이 모이는 게스트하우스에서 우리나라 책을 발견하면 그게 또 그렇게 반갑고 기쁘다. 누군가 다 읽고서 놓고 간 것이겠지? 짧은 여행 중에도 그런데 타향살이 중이라면 그 그리움의 깊이는 감히 비교도 할 수 없을 것이다. 그건 그렇고 여기 분위기 참 좋은걸. 도서관 직원들과 자원봉사자들이 아이들의 이름을 일일이 불러주며 챙겨주고 함께 책도 읽는 모습이 보기 좋다. 이 주변엔 다문화 공동체인 '국경 없는

▲ 경로당 2층엔 다문화 어린이 도서관 '모두' 가 있다.
◀ 여러 언어로 인쇄된 다문화 사업 홍보물.
◀▶ 도서관을 채우고 있는 책들.
없는 언어 빼고는 다 있다.

◀ 국경 없는 마을.
▶ 여러 사람들의 소원을 품은 나무. 다들 행복하시길.

마을'을 비롯해 이주민 센터와 다문화 교회 등 여러 시설들이 모여 있다. 국경 없는 마을 앞마당의 나무엔 사람들이 각자의 소원을 적은 카드를 걸어놓아 눈길이 간다. '오빠랑 언니랑 하궁게 오게 해주셀요'(한국에 오게 해주세요)라는 서툰 우리말 소원. 얼마나 가족이 그리울까.

큰길 사이사이의 작은 골목들을 들며 나며 요리조리 구경하는데 한 슈퍼마켓의 외국인 사장님이 손짓해 부른다. '파라다이스 월드 푸드 마트' Paradise world food mart라고 영어로만 크게 쓰여 있는 간판엔 이슬람 교리에 맞는 식료품을 판매한다는 의미인 할랄 표시가 붙어 있다. '들어와서 사진 찍어요, 구경하고 가요'라고 권하기에 사양하지 않고 가게 안으로 쏙. 무척 달달해 보이는 과자들과 다양한 허브, 조미료들, 인도와 파키스탄 음식에 많이 쓰이는 양념인 마살라가 가득하다. 홍차 잎도 무척 싸고, 병아리콩과 렌틸콩 같은 이국적인 식재료도 많아 구경하는 재미가 있다. 사장 아저씨가 마침 물건 납품 영수증을 쓰고 있기에 슬쩍 보니 생소한 언어다. 이건 어느 나라 말일까 궁금해 물어보니 파키스탄어라고. 아하, 사장님 파키스탄 사람이군요! 얼결에 달콤한 파키스탄식 밀크티까지 얻어 마시며 가게

앞 파라솔 테이블에서 잠시 이런저런 수
다를 떨었다. '한국에 온 지는, 어디 보자
~ 17년쯤 되었네요'란다. 귀화한 지도 꽤
오래된 한국 사람이다. 물론 우리말도 무
척 능숙한데, 본국에서 무역업에 종사하다
아예 가족들과 함께 한국으로 건너와 슈퍼
마켓과 식당을 운영하는 중이라고. 가족사
진을 보여주며 열세 살 연하인 아내의 미
모를 자랑하기에 한국에선 그러면 도둑이
라고 한다며 농담을 던지니 으하하하 웃는
다. 결혼식장에서 아내의 얼굴을 처음으로
봤다는 말에 깜짝 놀라니 파키스탄 전통이
라며, 그렇게 만나서 결혼해 아기도 셋이
나 낳고 행복하단다. 그나저나 와, 이 밀크
티 되게 맛있네! 아저씨는 '그냥 홍차 끓이
고 우유랑 설탕 탄 거예요'라며 무심하게
대답하지만 내 생각에는 마법 같은 손맛의
소유자인 듯하다.

이제 가야겠다고 인사를 하니 다음번엔 가족들을 소개해준다며 언제든 놀러
오란다. 아저씨의 이 놀라운 친화력은 무슬림 특유의 문화이기도 하다. 이슬

람 성전인《꾸란》엔 낯선 이가 먹을 것과 잠자리를 청하면 가족, 형제처럼 받아들여주어야 한다는 가르침이 있기 때문이다. 이 나라 저 나라로 여행을 다니다 보면 이렇게 스스럼없이 반겨주는 사람이 많은 지역도 있고, 또 속은 어떻든 간에 겉은 냉랭해 보이는 곳도 있다. 개인의 성격 차이이기도, 각 문화의 차이이기도 할 것이다. 외국인들이 여행하기에, 그리고 이렇게 자리 잡고 살기에 우리나라는 어떤 느낌이려나?

Travel Tip

안산 다문화 거리

안산스마트허브(구 반월 공업단지)가 조성되면서 외국인 근로자들이 대거 거주하게 된 안산시 원곡동 일대에 자연히 외국인 촌이 형성되었다. 2009년 안산시에서 이 지역을 다문화 마을 특구로 지정해 58개 국가의 국기로 만든 조형물을 설치하고 관광명소로 거듭나기 위한 지원을 아끼지 않고 있다.

인구 구성

안산시 거주 인구 순서대로 중국, 베트남, 필리핀, 인도네시아, 우즈베키스탄, 러시아, 스리랑카, 태국, 몽골, 방글라데시, 파키스탄, 네팔 등 약 60여 개 국에서 온 외국인 근로자들이 모여 살고 있다.

정월대보름 중국 특식은?

정월대보름 직전엔
중국떡·빵집에서 이런걸 팔아요.

뭐지
뭘까
궁금
궁금

중국 떡집아줌마

튀겨 먹거나
끓여 먹거나

한국사람은
오곡밥 먹지요?
우리는 웬쇼 먹습니다

오올~
元宵~

그리하여 한 봉다리 사다 먹었네~.

끓는 물에
잠시
데쳤음.

맛은···
깨 송편
끓여 먹는 맛···?

묘하도다

안에
흑임자랑
땅콩 등등
들었음

안산 다문화 거리, 어떻게 찾아갈까?

지하철 4호선 안산역 앞 지하도를 이용해 건너편으로 이동. 다문화 거리 입구에 여러 나라의 국기가 그려진 조형물이 서 있어 찾기 쉽다.

볼 것, 먹을 것

• 다문화 어린이 도서관 모두

http://modoo.org
경기도 안산시 단원구 원본로 15. 다문화 거리 입구에서 약 400m 직진. 도보 6분 거리.

• 길에서 먹기

노점에서 갓 튀긴 짜마화, 달콤한 월병, 속이 꽉 찬 연변순대 등 다양한 간식을 만날 수 있다.

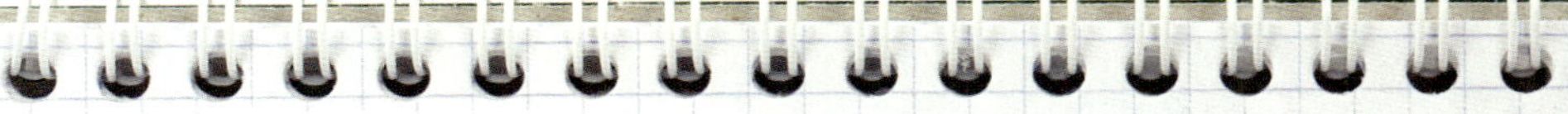

• 바타비아

경기도 안산시 단원구 다문화길 4. 다문화 거리 입구에서 도보 1분 거리. 건물 2층에 위치. 볶음밥(나시고렝)과 닭튀김 정식(아얌고렝) 등이 무난하다. 한국인 종업원에게 도움을 요청하는 것도 좋다.

• 풍황

경기도 안산시 단원구 다문화 1길 3. 바타비아 식당 앞 작은 사거리 골목 좌측에 위치. 한국인 입맛에 맞을 만한 음식을 추천받을 수도 있고, 메뉴판의 한글 설명을 보며 직접 골라도 좋다. 대부분의 음식에 향이 강한 허브가 들어가니 마음을 굳게 먹을 것!

• 파라다이스 월드 푸드 마트

경기 안산시 단원구 다문화 1길 52. 다문화 거리 입구에서 약 350m 직진 후 다문화 1길 방향으로 우회전. 도보 6분 거리. 인도, 파키스탄 음식에 쓰이는 향신료가 특히 다양하다.

창신동

지하철 1, 4호선 환승역인 동대문역 3번 출구 앞에는 '창신시장 입구'라고 쓰인 표지판이 서 있다. 잠깐, 창신시장이라면 매운 족발로 유명한 곳 아냐? 네, 정답! 표지판의 화살표를 따라 왼쪽의 좁은 골목길로 꺾어져 들어가면 금세 아름다운 냄새를 폴폴 풍기는 매운 족발집들이 다들 자기네가 원조라며 가열차게 영업 중이다. 원조든 아니든 냄새만 맡아도 마냥 좋네. 하지만 오늘만큼은 패스다. 왜냐, 네팔 음식을 먹으러 온 거니까!

굴자 빵과
치킨 커리

찐만두 모모

칼국수를 닮은 뚝바

여기는 히말라야, 에베레스트 – 창신동 네팔 거리

지하철 1, 4호선 환승역인 동대문역 3번 출구 앞에는 '창신시장 입구'라고 쓰인 표지판이 서 있다. 잠깐, 창신시장이라면 매운 족발로 유명한 곳 아냐? 네, 정답! 표지판의 화살표를 따라 왼쪽의 좁은 골목길로 꺾어져 들어가면 금세 아름다운 냄새를 폴폴 풍기는 매운 족발집들이 다들 자기네가 원조라며 가열차게 영업 중이다. 원조든 아니든 냄새만 맡아도 마냥 좋네. 하지만 오늘만큼은 패스다. 왜냐, 네팔 음식을 먹으러 온 거니까!

이곳 동대문 창신동은 외국인 거주자의 수가 무척

동글동글 네팔어 광고문이 붙은 휴대폰 매장.

많은 곳으로 지하철역 안에 이주민 상담소가 있을 정도다. 여느 외국인 거리처럼 창신시장 주변에도 외국어 광고 문구로 손님들을 유혹하는 휴대폰 가게가 꽤 있는데, 특히 동글동글하게 생긴 생소한 언어가 눈에 띈다. 바로 네팔어다. 뾰족한 삼각형 두 개를 겹쳐 쌓아놓은 듯한 모양의 네팔 국기가 그려진 슈퍼마켓 간판이며 그 주위에서 삼삼오오 모여 수다를 떨고 있는 네팔인들, 일명 네팔 거리다운 풍경. 그 중심엔 '에베레스트 레스토랑'이 있다. 우리나라 사람들에게도 무척 인기 있는 곳으로, 이곳에서 처음으로 네팔과 인도 음식을 맛보았다는 사람들도 많다.

낡은 건물 2층의 식당 문을 열고 들어가니 따뜻하고 달콤한 찌야chiya부터 한 잔 준다. 우유에 홍차 잎과 다양한 향신료를 넣어 끓인 밀크티로 메뉴를 들여다보면서 홀짝홀짝 마시기 좋다. 찌야라는 이름보다 차이, 혹은 마살라 차이라는 이름으로 더 잘 알려진 요 달콤한 밀크티는 네팔과 인도, 파키스탄과 스리랑카 등 서아시아 여러 국가에서 두루 마신다. 지금은 스타벅스나 커피빈 같은 카페 체인에서도 팔 정도로 유명해졌다(대부분 차이 라떼라는 이름으로 판매한다). 우선 적은 양의 물에 많은 양의 홍차를 집어넣고 버글버글 끓여 진하게 우려내다 우유와 향신료를 더해주는데, 물과 우유의 비율이라든가 향신료 사이의 비율 등은 지역별로 조금씩 차이가 있단다. 뭐, 집집마다 된장찌개 맛도 다 다른

◀ 식당 입구에 자랑스레 붙여 놓은 신문, 잡지 기사들
▶ 주말엔 한참 기다려야 자리가 날 정도로 인기 만빨

데 그쯤이야 당연하겠지. 찌야에 들어가는 향신료는 카다몸cardamom과 계피, 정향, 생강, 흑후추가 기본이다. 알싸하고 살짝 매콤한 그 맛~ 여기에 설탕도 듬뿍 넣어 달콤하게 마신다. 이 맛에 중독되면 정말이지 약도 없다. 찻잎과 향신료만 구비해놓는다면 집에서도 얼마든지 끓여 마실 수 있으니 그나마 다행. 날 쌀쌀할 땐 따끈하게, 더울 땐 얼음 가득 넣어 시원하게! 백설탕을 넣을 때와 흑설탕을 넣을 때의 맛이 각각 다르고 꿀 역시 독특한 풍미가 있으니 요리조리 비교해가며 시도해보는 재미가 있다. 모든 음식이 다 그렇지만. 사장님과 종업원들 모두 무척 친절하다. 이 집 사장님은 원래 네팔에서 등산용품 무역업을 했는데 우리나라 업체들과 쭉 거래를 해오다 아예 한국으로 건너와 하던 사업을 계속하면서 겸사겸사 식당을 오픈했단다. 그게 2002년의 일로 우리나라 최초의 네팔 식당이었다고. 처음엔 그저 부업이었지만 워낙 맛이 좋아 대히트를 쳐 이젠 아예 이쪽에 전념하는 중이란다. 주말 점심과

어디 보자, 네팔은 지금 몇 시지?

저녁때는 한참 기다려야 할 정도로 인기가 많다. 그나저나 식당 이름 멋지네. 에베레스트! 네팔 하면 역시 에베레스트다. 원래 등산용품 관련 사업을 해 국내외 등산가들과도 교류가 있고 거기다 우리나라에 거주 중인 네팔 출신 근로자들의 사랑방 역할도 한다고. 한마디로 마당발이시군요. 낯선 외지에 낙동강 오리알마냥 덩그러니 혼자 남았을 때 주변에 이런 사람, 이런 장소가 있으면 꽤 든든하겠다. 카운터 머리 위에는 우리나라와 티베트, 방콕, 네팔, 인도의 현재 시각을 알려주는 시계들이 각각 걸려 있어 보는 것만으로도 역마살이 도지는 느낌이다.

그럼 주문해볼까? 요즘은 인도 식당이 워낙 흔해져 다양한 커리와 난, 탄두리 치킨 등을 쉽게 먹을 수 있으니 에베레스트 레스토랑에서만큼은 네팔 고유의 음식을 먹어봐야지. 네팔 음식 하면 뭔가 굉장히 생소하고 신기한 걸 상상하게 되는데 실은 생김새도 맛도 은근히 친숙하다. 지리적으로 인도와 티베트 사이에 위치해 있으니 자연스럽게 두 나라는 물론이고 중국의 영향까지 두루 받았기 때문이다. 감자와 콜리플라워, 양고기와 닭고기를 넣은 다양한 커리들과 고소한 빵 로티roti, 담백한 짜파티chapati, 누구나 좋아하는 커다

분명 네팔 음식인데… 뭐죠, 이 친숙한 느낌은.

랗고 따끈 쫄깃한 난naan 등은 인도의 영향을 받은 음식일 것이고 생김새도 맛도 영락없는 찐만두인 모모momo, 눈을 감고 한 입 후루룩 먹으면 칼국수라고 해도 믿을 뚝바thukpa 등은 중국 대륙에서부터 건너와 티베트를 거친 음식이 겠지. 지구는 둥글다. 정말 그렇다. 실제로 이 나라 저 나라로 여행을 다니다 보면 의외의 장소에서 우리 것과 비슷한 음식을 만날 때가 있다. 산 넘고 바다 건너 저 머나먼 스페인 땅에서 선지가 가득 든 피순대랑 모양도 맛도 거의 똑같은 모르시야morcilla를 먹은 일은 절대 잊을 수 없을 것이다. 아아, 그때 막걸리만 한 주전자 있었으면 딱이었는데!

우선 뚝바부터 한 그릇 먹어본다. 뚝바란 국수를 뜻하는 티베트어인데 앞서

중국, 티베트를 거쳐 네팔까지 먼 길을 온 뚝바 한 그릇. 그 맛은?

말했듯 중국을 거쳐 티베트 동부로, 다시 네팔 땅으로 흘러 들어온 음식이다. 뜨끈한 닭국물에 고춧가루와 커민, 마늘과 양파 등으로 알알하게 매운맛을 더한 다음 당근과 피망 등의 채소를 듬뿍 넣고 굵직하고 쫄깃한 국수를 말아 놓았으니 이거야 원, 눈으로만 봐서는 덜 매운 짬뽕이나 얼큰이 칼국수 같기 도 하다. 그럼 그 맛은? 사알짝 은은한 향신료의 향기가 풍기는 칼칼한 국물, 담백한 야채와 쫄깃한 국수까지 딱 생긴 대로의 맛이다. 네팔에 이런 음식 이 있었다니! 만약 네팔 배낭여행을 한다면, 특히 무거운 등산배낭을 짊어지 고 영차영차 트래킹이라도 하던 중이라면 요거 한 그릇에 눈물을 줄줄 흘릴 지도 모르겠다. 날은 춥지, 다리는 아프지, 짐은 무겁지, 말도 안 통하지, 그럴 때 우리 칼국수를 꼭 빼닮은 뚝바를 만난다면 얼마나 반가울까? 여기에 모모 까지 한 접시 함께하면 최고겠다. 동화 속 주인공의 이름과 같아 왠지 귀엽게 느껴지는 찐만두 모모. 역시 중국을 거쳐 네팔까지 건너온 오랜 역사의 음식 인데 밀가루와 물만으로 영차영차 반죽해 얇게 밀어낸 껍데기며 고기와 약 간의 채소(양파와 마늘, 생강 등)를 다져 넣은 속까지 우리의 찐만두와 쌍둥이처럼 꼭 닮았다. 네팔에서는 지역별로 돼지고기와 닭고기, 염소고기, 물소고기 등 다 양한 재료를 쓴다는데 이곳 에베레스트 레스토랑에선 돼지고기를 주로 사용 한다. 함께 나온 매콤한 토마토소스에 찍어 먹는데, 소스 맛이 삼삼하니 괜찮 지만 한편으론 초간장에 콕 찍어 단무지랑 함께 먹어도 좋겠구나 싶다. 그만 치 찐만두스러운 것이다.

먹는 김에 치킨 커리와 굴자kulcha까지 주문했다. 굴자는 인도와 파키스탄 등에서 주로 먹는 납작한 빵인데 밀가루 반죽을 둥글고 얇게 밀어 진흙으로 만든 뜨거운 화덕 안쪽 벽에 붙여 순식간에 구워낸다. 탄두리 치킨이라든가 난을 구울 때도 쓰는 이 화덕의 이름은 탄두르tandoor다. 에베레스트 레스토랑에선 요 둥그렇고 납작한 굴자 반죽 안에 삶아서 으깬 감자와 채소, 잘게 다진 캐슈넛과 건포도 등을 넣고 겉에 버터를 듬뿍 발라 구워주는데 국내의 다른 인도 식당에서는 쉽게 만날 수 없는 메뉴이니 한번 먹어볼 만하다. 고소하고 살짝 달콤한 게(건포도의 힘!) 무척 맛있다.

달달한 굴자 빵과 치킨 커리. 입에 착 붙네요.

서울 가리봉동이나 안산 원곡동의 다문화 거리는 공단 근처라는 입지와 저렴한 집세 등의 이유로 사람들이 몰리면서 외국인 촌이 형성된 것이지만 이곳 창신시장 주변은 식당 한 곳이 여러 사람을 불러 모은 셈이다. 뒤이어 '뿌자'와 '룸비니' 등의 식당들도 근처에 하나둘 문을 열면서 네팔 거리의 규모가 살짝 더 커진 것. 중국인과 몽골인 등에 비하면 국내 거주 네팔인의 수는 적은 편이라 본격적인 다문화 거리가 형성되기엔 아직 무리가 있다. 하지만 2007년, 우리나라와 네팔 양국 간에 고용허가제 양해각서를 체결하면서 점점 더 많은 수의 네팔인이 입국하고 있다.

그런데 고용허가제 양해각서라는 게 대체 뭐람? 바로 외국인에게 합법적인 근로자 신분을 보장해주는 제도인데 이것을 통해 비자를 취득할 경우 최대 3년간 국내 체류가 가능하다고. 네팔 현지에선 1차 산업, 그중에서도 농업에 종사하는 인구가 압도적으로 많기 때문에 공부를 열심히 해도 마땅한 일자리를 찾기가 쉽지 않아 청년 실업률이 상당히 높은 편이다. 자국에서 기회를 얻기 어려우니 해외로 눈을 돌리는 경우가 많아, 국내에 거주 중인 네팔인들 중에는 고학력자의 비중이 꽤 높다고. 물론 비자를 아무에게나 휙휙 내주는 것은 아니다. 일단 한국어 능력 시험을 통과하는 것은 기본 중의 기본이고 이후에도 여러 가지 복잡한 심사를 거쳐야 하는데 이 과정이 최소 1~2년은 걸린다니 말만 들어도 한숨이 나온다. 하이고야! 수요가 많으니 네팔 현지에 한국어 학원도 우후죽순처럼 생기고 있다고. 거참, 우리는 토익과 토플 점수에, 네팔인들은 한국어 시험 점수에 목을 매는구나. 우리 모두 남의 나라 언어에 발목 잡혀서 대체 뭐하는 건지 모르겠네. 먹고사는 게 뭔지.

동대문역 바로 앞, 네팔 국기가 그려진 노란색의 슈퍼마켓 입간판을 따라 건물 지하로 내려가 본다. '파슈파티 마트'Pashupati Mart라는 이름의 깔끔한 슈퍼다. 식료품과 생활용품들을 요것조것 쏠쏠하게 갖춰놓았다. 네팔에서 들여온 두툼한 담요와 독특한 무늬의 옷가지도 있다. 가게 사진을 찍어도 되느냐고 영어로 물으니 계산대 앞의 네팔 여성 점원이 수줍게 예스라고 대답한다.

네팔 슈퍼마켓에 도전! 왠지 신기한 세상으로 통할 것 같은 계단.

단네밧! 하고 외치니 기분 좋게 웃어준다. '감사합니다'라는 의미의, 조금 전 에베레스트 레스토랑 사장님에게서 배운 네팔어다. 그나저나 파슈파티 마트에선 어떤 물건들을 팔고 있는지 구경 좀 해볼까?

뭐니뭐니해도 다양한 향신료들이 제일 먼저 눈에 띈다. 요즘은 집에서 요리를 할 때면 으레 통후추를 벅벅 갈아 뿌리곤 하지만 몇 년 전까지만 해도 곱게 갈려 네모난 통에 담긴 후춧가루를 사다 썼더랬다. 바질이니 로즈마리니 파슬리니 하는 것들도 생전 쓸 일이 있을까 싶었고. 그런데 이젠 나름 다양한 향신료들을 갖춰놓고 요리조리 사용하고 있으니 재미있는 일이다. 우리나라의 온갖 양념과 음식들도 마찬가지로 외국 곳곳에 알려지고 있으려나? 한쪽 구석엔 커다란 쌀푸대들이 가득이다. 가까이 가서 보니 아하, 길쭉길쭉한 모양의 찰기 없는 바스마티basmati 쌀이다. 바람이 불면 폴폴 날아가는 쌀. 네팔과 인도, 파키스탄 등에서 주로 재배하는 품종인데 향기롭다는 의미의 바스마티라는 이름답게 특유의 묵직하고 향긋한 꽃냄새가

◀ 깔끔하게 진열된 식재료들.
요 뒤편엔 의류와 담요 등 생활용품도 그득하다.
▶ 강황, 마살라, 겨자씨, 정향… 향신료는 다 모였네!

일품이다. 그 향기가 네팔, 인도 음식의 여러 향신료들과 아주 잘 어울린다.

찰기 있고 윤기 흐르는 우리나라 쌀밥도 맛있지만, 역시 커리를 먹을 땐 요

길쭉한 바스마티가 최고!

창신동 네팔 거리에 모인 이들은 대부분 힌두교 신자들이다. 이태원의 이

슬람 사원에 무슬림들이, 타갈로그어 미사가 열리는 혜화동 성당에 필리핀

인들이 각각 모여들어 커뮤니티를 형성하듯 힌두교 신자들 역시 주말이면

힌두 사원에서 마음의 평화를 찾는다. 그런데 우리나라에 힌두 사원이 있

느냐고? 네, 있습니다! 서울 용산구 해방촌과 포천시에 각각 한 곳씩이다.

그중 5년 전쯤 낡은 건물 지하에서 소박하게 시작된 해방촌 사원은 스리

라다 샤마순더르Sri Radha Shymasundar라는 긴 이름을 갖고 있다. 크리슈나

신의 가르침을 따르는 곳으로 인도 철학과 명상, 요가 등도 함께 배울 수

있다. 음식과 문화, 특히 종교는 떼어놓고 생각하기 어려우니 음식을 사랑

하는 자로서 힌두 사원에 가보지 않을 수 없지!……라고 잘난 척 쓰긴 했지

만 실은 조금 망설여진다. 외부인을 선뜻 반겨주려나?

지하철 6호선 녹사평역 2번 출구로 나와 쭉 직진하면 금세 용산구 해방촌이다. 이태원과도 꽤 가까운데 오히려 이 동네가 더욱 이국적인 느낌이다. 유유자적, 여유만만, 말하자면 히피스러운 곳. 술집과 식당, 카페들 사이에서 자그마한 주황색 간판을 발견해 안으로 들어가니 천장에 장식된 펄럭이는 노랑색과 주황색의 종이 깃발이며 묘한 분위기의 힌두 성화가 분위기를 돋운다. 신발을 얌전히 벗어두고 계단 아래 지하로 내려가는 내내 가슴이 두근두근. 그런데 막상 안으로 들어가니 걱정했던 게 머쓱해질 정도로 다들 친절하게 맞아준다. 방문 전 미리 전화를 걸어 물어보니 매일같이 이른 아침과 저녁 예배가 있는데 특히 일요일 저녁엔 예배를 마친 후 사원에서 준비한 식사를 함께 나누어 먹는다고. 일요일 저녁 예배는 오후 5시에 시작해 2시간가량 진행

◀ 해방촌 골목길의 힌두 사원 입구.
▶ 솔솔 풍겨오는 묘한 향내.
계단 아래엔 어떤 세상이 있을까?

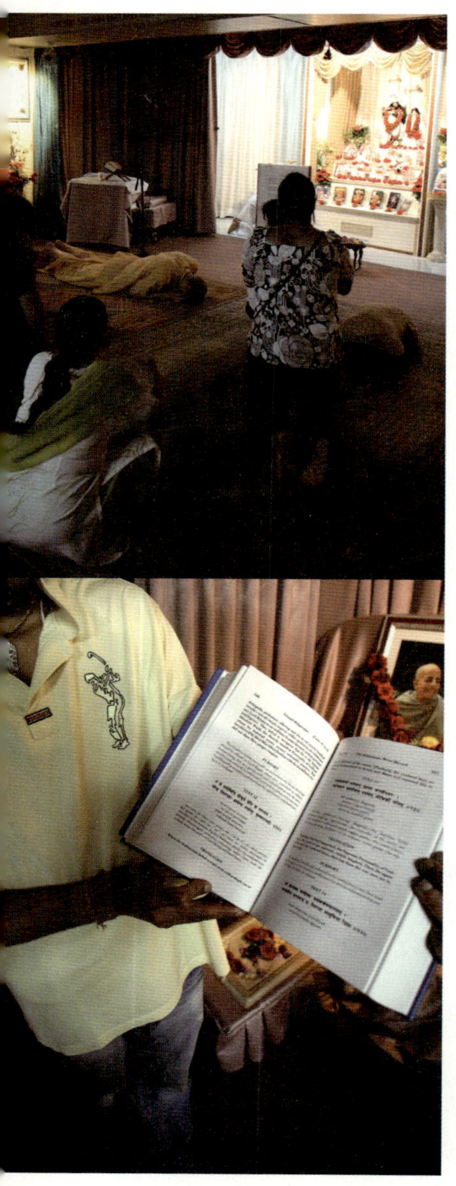

되는데 처음 1시간은 진지한 기도와 찬양으로 이루어져 있고 후반 1시간은 힌두 경전인 《바가바드기타》Bhagavad Gita 강론(영어로 진행된다), 그리고 찬양이 계속된다. 하레 크리슈나Hare Krishna, 하레 라마Hare Rama라는 말을 끝없이 반복해, 한쪽 구석에 얌전히 앉아 구경하던 내 입에서까지 그 소리가 절로 나올 정도다. 이 주문 같은 말속에 영적인 힘이 있다고 믿어 끊임없이 외우는 것이란다. 단순히 줄줄 외기만 하면 지루해서일까? 멜로디를 붙여 신나게 리듬을 타며 노래하듯 말하고 박수를 치며 스텝을 밟기도 한다. 흥겨운 분위기! 이런 영적인 힘이 깃든 말을 만트라mantra라고 한다. 꼭 종교적인 믿음을 더하지 않더라도 누구나 자신만의 만트라를 가질 수 있는데, 나의 경우는 야식을 먹을 때마다 '지금부터 먹는 건 전부 0칼로리'를 줄줄 외우는 중이다. 간절히 원하면 온 우주가 그 소망을 들어준다지?

◀ 고대하던 식사시간. 오늘의 메뉴는 뭐예요?
▶ 소박한 음식 안에 정성이 가득. 모두 직접 만들었다고.

드디어 밥을 먹는 시간. 야, 설렌다 설레! 누군가 기다란 천을 들고 와 바닥에 쫙 까니 다들 그 주변에 둘러앉는다. 이 천이 식탁의 역할을 했다. 그리고 물과 음식이 담긴 주전자와 냄비 등을 가지고 나와 서로 돌아가면서 음식을 나눠준다. 오늘의 메뉴는 길쭉길쭉한 바스마티 쌀로 지은 밥과 묽은 콩 반죽을 찰랑한 기름에 튀기듯이 익힌 바삭한 파파덤papadum, 그리고 매콤한 맛의 묽은 커리다. 커리엔 당근과 감자 등의 채소가 듬뿍 들어 있는데 무척 맛이 좋다. 여기에 달콤한 케이크까지 한 조각, 완벽해! 방문자의 식사까지 서슴없이 챙겨주니 고마울 뿐이다.

음식과 종교는 서로 알게 모르게, 깊고 얕게 영향을 주고받는다. 특히 각 종교의 사원에서 제공하는 음식은 각별한데, 이곳 힌두 사원에선 완전 채식요

지혜와 학문의 신 가네샤. 눈빛이 어찌나 그윽하신지.

리를 내놓는다. 마늘과 양파도 들어가지 않았단다. 불교에서 오신채를 금하는 것과 같은 이유다. 그 맛과 향이 혀를 콕콕 자극해 마음을 어지럽혀 수련에 방해가 된다고. 그나저나 모든 음식이 입에 착착 붙어 넙죽넙죽 계속 받아먹게 된다. 맛있는 걸 어떡해. 특히 바삭하고 매콤 짭짤한 파파덤이 일품인데, 곱게 간 콩가루(주로 렌틸콩을 사용한다)에 후춧가루와 소금, 고춧가루와 커민 등의 향신료를 섞고 물에 잘 개어 묽은 반죽을 만든 후 끓는 기름에 흘려 넣어 순식간에 튀겨내는 것이다. 지역마다 재료와 만드는 방법이 약간씩 다른데 쌀가루나 전분을 사용하기도 하고 기름을 두르지 않은 채로 담백하게 굽거나 아예 햇볕 아래서 세월아 네월아 바짝 말리기도 한단다. 하여간 이 힌두 사원의 음식들은 보기엔 소박함의 끝 같지만 맛은 참 좋다. 사제에게 전부 다 여기서 만든 거냐고 물으니 신께 바치는 음식이기 때문에 정성 들여 직접 만든다며 진지하게 답해준다. 재료 손질과 조리를 하는 중간중간 기도까지 바친다고. 그래야 음식 안에 신의 축복이 담긴다는 것이다. 그런 정성 들인 음식을 먹게 되다니, 서로 종교도 문화도 다르지만 왠지 모르게 경건해진다.

언젠가는 창신동의 네팔 거리도, 해방촌의 힌두 사원도 지금보다 더욱 붐비게 될지 모르겠다. 모든 것이 아주 빠르게 변하고 있으니 어느 누가 또 우리의 새로운 이웃이 될지 기대된다. 서울이 점점 흥미로워진다.

배워봅시다!
달달한 밀크티
Chiya 찌야 만들기~
시나몬
후추
정향
생강
홍차+우유
…등등이 들어가야 하지만!!
현실은…
드럽게 귀찮음ㅋ
…그래서 이런 걸 사먹어요
창신동, 이태원 외국슈퍼
EVEREST
Tea Masa
100g (3.50 oz)
오오!!! 신문물!!!
홍차+우유+이거 넣고 끓이면 땡
꿀 한 숟갈 듬뿍욱~ 달달하니 딱 좋고나~!
별다방 차이라떼보다 훨 맛남

네팔

히말라야 산맥 중앙부의 남쪽 반을 차지하는 내륙 국가로 중국, 인도와 국경을 맞대고 있다. 정식 명칭은 네팔연방민주공화국이고 수도는 카트만두로 대다수 국민이 힌두교 신자이다. 북부 산악지대에 에베레스트 산을 비롯한 세계적인 명산들이 분포해 있고 남부 등지는 도시화되어 지형적 특색만큼이나 다양한 음식 문화가 존재한다. 북부의 히말라야식 음식은 야크고기, 보리, 기장, 감자 등을 두루 사용하고 남부는 인도의 영향을 받은 음식이 주를 이룬다.

힌두교

인도를 비롯한 서남아시아에 널리 전파된 종교로 고대 인도의 베다 사상에서 비롯되었다. 여러 신의 존재를 인정하는 다신교이자 상황에 따라 선택적으로 하나의 신만을 섬기는 일신교이기도 하다. 생성, 발전, 소멸을 반복하는 우주의 법칙과 인간의 윤회를 기본틀로 한다.

힌두교를 믿는 나라

인도와 네팔을 비롯한 여러 나라이며 신자의 수는 약 9억 5천만 명에 이른다.

창신동 네팔 거리, 어떻게 찾아갈까?

지하철 1, 4호선 동대문역 3번 출구 앞에 있는 창신시장 입구 표지판 근처이다.

볼 것, 먹을 것

• 에베레스트 레스토랑

http://www.everestfood.com
서울 종로구 종로 51가길 2-1. 지하철 3번 출구 앞 우리은행 골목으로 들어간 후 우회전. 커리와 난 등 인도 음식과 뚝바, 모모 등 네팔 음식을 함께 맛보자. 네팔식 백반인 치킨 네팔 정식도 좋다.

• 파슈파티 마트

서울 종로구 종로 307 지하 1층. 지하철 2번 출구 바로 앞 제일고시텔 건물이다. 눈에 띄는 노란색 간판이 있어 찾기 수월하다.

• 스리 라다 샤마순더르 사원

http://www.krishnakorea.com
용산구 신흥로 33 지하 1층. 지하철 6호선 녹사평역 2번 출구 앞에서 660m가량 직진 후 신흥로를 따라 좌회전. 자그마한 주황색 간판이 보인다.

시흥시
Siheung-si

새롭게 떠오르는 그곳, 경기도 시흥시 정왕동! 수도권의 다문화 거리계를 꽉 잡고 있는 안산 원곡동과도 멀지 않은데, 서울 영등포와 안산에 이어 우리나라에서 무려 세 번째로 외국인 거주자가 많은 동네이기도 하다. 시흥시의 2만여 외국인 거주민들 중 무려 절반 이상이 정왕동 단 한 곳에 몰려 있다니 놀라운걸.

푸짐한 볶음면과
오향 향신료가
들어간 물만두

고추기름 향긋한 마라샹궈

쫄깃쫄깃 수타면

이토록 조용한 외국인 거리 – 시흥시 정왕시장 골목

새롭게 떠오르는 그곳, 경기도 시흥시 정왕동! 수도권의 다문화 거리계를 꽉 잡고 있는 안산 원곡동과도 멀지 않은데, 서울 영등포와 안산에 이어 우리나라에서 무려 세 번째로 외국인 거주자가 많은 동네이기도 하다. 시흥시의 2만여 외국인 거주민들 중 무려 절반 이상이 정왕동 단 한 곳에 몰려 있다니 놀라운걸.

대체 정왕동에 뭐가 있기에 이렇게 사람들이 많이들 모여 사는 걸까? 옆동네 안산이야 반월 공업단지(얼마전 '시흥 스마트 허브'라는 정체불명의 외래어로 명칭이 변경되었다)에서 일하는 근로자들이 많아 그렇겠지만 시흥은 대체 왜? 설마 꿀이라도 발라놓은 건가 궁금해했는데 알고 보니 안산과 가까우면서 상대적으로 집값이 저렴해 최근 급부상했단다. 역시 모든 게 그놈의 집값 때문이었군. 반월 공업단지 바로 앞인 안산 원곡동은 워낙 수요가 많다 보니 집세도 가게세도 가파르게 상승해, 20분가량 떨어진 이곳 시흥 정왕동의 인기가 높아진 것. 하긴, 정왕역에서 4호선 지하철을 타면 안산역까지는 단 두 정거장만에 도착하니 출퇴근하기도 편하겠다. 학교 앞 자취방들 월세가 너무 비싸 좀 떨어진 곳에 방을 구해선 마을버스로 통학하던 대학시절 친구들 생각도 난다.

깔끔하고 슴슴한 정왕시장 골목. 새빨간 양꼬치집 간판이 눈에 띄네!

동네 분위기를 소개하기도 전에 말이 길었는데, 결론은 이거다. 안산 다문화 거리와 참 가까운 곳이라는 것. 그러니 안산에 놀러 간 김에 겸사겸사 들러보기 좋다는 얘기. 그럼 본격적으로 정왕동 구경을 해볼까나? 어디 보자, 앞서 이야기했듯 4호선 정왕역과 가까운 소위 역세권인데다 딱 봐도 새로 지은 티가 팍팍 나는 깨끗한 원룸, 빌라 건물들이 무척 많다. 요리조리 얽혀 있는 골목길이 전체적으로 깔끔하고 조용한 분위기다. 안산 다문화 거리는 시끌벅적하니 놀기 좋은 곳, 여긴 반대로 살기 좋은 곳. 말하자면 번화가와 주택가의 차이랄까? 새로이 떠오르는 외국인 촌이다 보니 부동산도 꽤 많다. 그리고 당연한 듯 주말 저녁 늦게까지도 불이 켜져 있다. 평일 낮 시간에 여유 있게

◀ 빨간 바탕에 노란 별. 베트남 국기인 금성홍기.
▶ 겉은 평범하지만 이 안엔 외국 식료품점이 가득.

부동산에 들르기 힘든 사람들이 대부분이라 그럴 것이다. 에구, 먹고사는 게 다 그렇지.

정왕시장부터 한 바퀴 돌아본다. 이름이 '정왕시장'이라 왠지 야외 전통시장일 것 같지만 실은 그냥 큼직한 상가 건물 하나다. 이 안에 크고 작은 상점들이 가득하다. 입구 앞에 서서 건물을 올려다보니 치킨집, 피자집, 휴대폰 가게, 헬스클럽 등 익숙하고 흔한 간판들이 다닥다닥 붙어 있다. 그것만 보면 뭐 특별할 게 있나 싶지만 사이사이 범상치 않은 간판들이 보인다. 어라, 베트남 식품이라구? 어, 중국 식품도 파나 보네? 냉큼 안으로 들어가니 현수막마냥 드리워놓은 큼직한 금성홍기(베트남 국기)가 눈에 확 들어온다. 금성홍기 아래엔rau Vietnam라는 말이 쓰여 있다. 라우는 베트남어로 채소를 뜻하니 베트남에서 많이 먹는 채소들을 판다는 이야기겠다.

베트남에선 음식을 주문하면 다양한 종류의 채소들이 꼭 딸려 나온다. 어디서 뭘 먹든 간에 그렇다. 인심 좋은 곳에선 바구니 가득, 아니면 적어도 큼직한 접시로 한 가득. 요게 생긴 것만 봐서는 그냥 흔한 초록색 쌈 채소와 허브 같지만 그 맛과 향이 어찌나 강렬하던지! 처음 보는 먹거리는 일단 입에 넣고 보자라는 주의지만 개중 어떤 향채들은 하루 종일 입안에 뒷맛이 남을 정도로 향이 독특하고 강했다. 베트남의 채소는 그 종류가 어마어마해 '시어머니도 모르는 라우'라는 속담이 있을 정도란다. 뭐든지 다 알 것 같은 잔소리꾼 시어머니조차 모르는 채소가 있다니.

다양한 라우 중에서 약용 효과가 있는 것들을 묶어 '라우 텀'이라고 부른다. 보통 허브 하면 음식에 향기를 살짝 더해주는 정도로 생각해 약간씩만 사용하기 마련이지만 베트남에선 매끼 식사 때마다 한 바구니 가득 라우 텀을 먹는다. 음식의 주재료마다 각각의 성질이 다르니 그에 맞는 라우 텀을 함께 먹어야 건강해진다는 것이다. 바로 음양의 조화다. 예를 들어 같은 가금류라도 오리고기는 찬 성질, 닭고기는 따뜻한 성질이라 그에 맞는 라우 텀이 다르다고. 우리도 식재료의 궁합을 꽤 따지는 편이지만 베트남 사람들은 한술 더 뜬다. 음양의 조화를 생활의 일부로 오랜 세월 깊이 받아들여 매 끼니마다 적용한다니 흥미롭다. 새우나 조개 등의 해산물을 먹을 땐 이런 라우 텀을, 돼지고기 구이를 먹을 땐 저런 라우 텀을, 뜨거운 쌀국수와는 요런 라우 텀을 먹으라며 그때마다 한 바구니 가득. 거참, 인심은 참 좋은데 하나같이 향이 강해 친해지기 쉽지 않았다. 그래도 이렇게 다시 만나니 여행의 기억들이 솔솔

피어올라 괜히 반갑다. 한 봉지 사다가 다시 시도해봐?

정왕시장의 베트남 식품점에선 다양한 녹색채소들뿐 아니라 인스턴트 라면, 쌀국수에 넣어 먹기 좋은 칠리소스와 호이신hoisin 소스, 과자류 등을 비롯한 이런저런 베트남 수입 식품들을 잘 갖춰놓아 구경하는 재미가 있다. 뭔가를 꼭 사지 않더라도 선반 요쪽에서부터 저쪽까지 하나하나 눈으로 훑는 그 맛! 어릴 적 '미제 집'이라고 부르던 수입 잡화점에서도 그렇게 열심히 '미제' 식료품 구경을 했더랬다. 두껍고 큼직한 허쉬 초콜릿이나 닥터페퍼 캔, 프링글스 등 당시만 해도 정식으로 수입되지 않은 것들은 미제 집에나 가야 살 수 있었는데 이젠 편의점이나 마트에서 흔히 볼 수 있게 된 걸 생각하면 이 베트남 식재료들 역시 곧 그렇게 될지도 모르겠다는 생각이 든다. 하긴, 쌀국수며 월남쌈 소스 같은 건 이미 들어와 있으니.

그 옆은 중국 식료품을 파는 상점이다. 중국식품中國食品이라고 쓰인 한자 간판이 눈에 들어온다. 중국어에 젬병인 사람이라도 읽을 수 있는 고마운 간판!

신기한 외국 음식들을 찾아 먹어보는 걸 무척 좋아하니 먹거리 관련 외국어 단어 정도는 익혀두자라는 생각을 항상 하지만 한자는 언제나 큰 걸림돌이다. 스페인어보다, 프랑스어보다, 심지어 터키어와 키릴어보다 어려운 게 바로 한자다. 학생 때 공부 좀 열심히 해놓을걸, 뒤늦게 후회가 된다.

다양한 조미료와 술, 소금에 절인 오리알과 간식거리가 그득한 중국 식품점을 지나 쭉 들어가니 이번엔 정육점이 나온다. 뻘건 조명이 켜진 게 얼핏 봐선 흔한 우리나라 정육점 같지만 이곳에도 역시나 한자가 가득하다. 고기 종류와 부위를 쭉 써 붙여놓았는데, 닭을 뜻하는 계鷄와 소를 뜻하는 우牛, 돼지 돈豚 자 정도를 제외하고는 하나같이 생소하다. 같은 동물을 잡더라도 문화권마다 좋아하는 부위가 각각 다르고 조리법 역시 차이가 있으니 이곳처럼 외국인이 주 고객인 정육점을 구경하는 것은 참 재미있다. 이 가게에서 파는 돼지 혓바닥 같은 건 우리나라 정육점에서 볼 일이 거의 없으니까. 그나저나 큼직한 돼지 혓바닥 두 개에 4천 원이라니 싸구나. 어떤 맛일지 궁금한데, 인터넷엔 정

양꼬치와 마라탕. 중국 음식점이 무척 많다.

보가 좀 있으려나? 곧바로 스마트폰 검색! 돼지 혓바닥을 굵은 소금으로 싹싹 비벼 씻은 후 냄비에 대파와 마늘, 양파와 생강 등의 향신 채소를 넣고 보쌈 고기를 삶듯이 덩어리째 푹 익혀 먹으면 된다니 생각 외로 무척 간단하다. 혹은 얇게 썰어 로스구이를 하듯 앞뒤로 잘 구워 참기름 소금장에 콕 찍어 먹어도 맛이 좋다고. 하긴, 요 돼지 혓바닥 생긴 것만 봐도 기름기가 거의 없이 담백해 보인다. 도전 욕구가 불끈!

정왕시장엔 그 외에도 외국인이 운영하는, 외국인을 위한 상점들이 많다. 시장 건물 안에 약 300여 곳의 점포가 있는데 그중 1/3이 외국인 가게라고. 뉴욕 어드메에서 우리나라 사람이 편의점이나 샌드위치 가게, 세탁소 등을 운영하는 것처럼, 다들 어디서든 열심히 사는구나.

밖으로 나왔다. 이 주변은 온통 빨갛고 노란색의 중국어 간판으로 가득하다. 옆동네 안산 다문화 거리의 경우 인도네시아와 태국, 네팔과 인도, 캄보디아, 베트남, 중국 등 다양한 나라의 음식을 파는 식당들이 고루 퍼져 있지만 이곳 정왕동은 중국 음식점이 단연 대세다. 그중에서도 랴오닝성, 지린성, 헤이룽장성 등 동북 3성 출신 중국인들이 운영하는 식당이 많은데 대부분 조선족이라 우리말을 능숙하게 하는 편이다. 거리에서 제일 먼저 눈에 띄는 메뉴는 뭐니뭐니해도 양꼬치다. 어디서든 인기 있는 마성의 양꼬치! 그에 비해선 아직 낯설지만 개고기 전문점과 명태 요릿집들도 꽤 많다. 특히 명태 요릿집의 음식들은 우리 입에도 잘 맞아 도전해볼 만하다. 우리나라에서도 요리조리 다양하게 잘 해먹는 명태는 조선족들에게도 역시 인기 만점인 생선. 그중 대표적인 음식은 매콤한 명태찜이다. 꾸덕꾸덕하게 잘 말린 명태를 먹기 좋게 토막 낸 다음 냄비 바닥에 콩나물을 쫙 깔고 그 위에 명태를 올려 간장과 다진 마늘, 고춧가루와 다진 고추, 후춧가루 등을 섞은 양념장을 뿌려 뚜껑을 덮고 버글버글 끓이면 완성. 여기에 녹말 물을 슬슬 흘려넣어 국물을 걸쭉하게 만들기도 한다. 말만 들어도 맛을 상상할 수 있는, 어찌 보면 아귀찜 같기도 한 음식. 요 명태찜을 먹을 땐 명태껍질밴새도 한 접시 함께하면 딱인데, 멥

연변식 개고기 전문점.
아직은 좀 낯설게 느껴진다.

◀ 그들에 의한, 그들을 위한 미용실. 저도 들어가도 되나요?
▶ 동네 슈퍼도 이곳에서라면 색다른 느낌.

쌀 반 찹쌀 반 섞어서 지은 쫀득한 찰밥을 명태껍질로 돌돌 말아 싼 음식이다. 껍질에 탄력이 있어 질경질경 씹는 맛이 좋아 요 껍질만 따로 튀겨서 안주로 먹기도 한다. 혹은 명태 대가리에다 찰밥을 꾸역꾸역 채워넣고 푹 쪄서 먹기도 하는데 요건 명태순대라고 부른다. 거참, 명태 하나 가지고 별별 음식을 다 만드는구나! 반찬으로는 새콤매콤한 명태무침이 최고. 고추장과 식초, 설탕, 다진 생강 등을 섞어 초고추장을 만든 다음 양파와 대파, 명태 살 찢은 것을 함께 버무려 무쳐 먹는다. 여기까지만 들으면 딱 우리 입맛이구나 싶겠지만 코리앤더(고수, 샹차이라고도 한다)를 한 움큼 올려준다는 것, 요게 포인트다. 코리앤더의 독특한 향이 빠지면 제 맛이 나지 않는다는 사실. 개성이 강한 만큼 호불호도 확실히 갈리는 향이지만 도전해볼 가치가 있다.

이런 이국적인 식당들 사이사이엔 미용실이라든가 크고 작은 식료품점 등 역시 중국인이 운영하는 가게들이 알차게 들어차 있다. 어디 구경 좀 해볼까? 한 식료품점 문을 열고 들어가니 온갖 신기한 양념들이 가득하다. 이게 뭐지, 양꼬치용 양념인가? 이거 한 봉지 사다가 집에서 해먹어도 그 맛이 나려나? 사천 지방 음식처럼 매운 중국 요리엔 절대 빠지지 않는 화자오花椒도 있다. 추어탕에 솔솔 뿌려 먹는 산초와 비슷한데 훨씬 얼얼하고 야한 매운 맛이 난다. 후추와도, 고추와도 다른 독특한 향이다. 말린 매실이라든가 설탕과 꿀에 절인 대추 같은 주전부리도 가득. 매실은 새콤달콤하고 살짝 짭짤해 입안에 넣으면 침이 쫙 고이고 입맛이 확 돈다. 안에 씨앗이 있어 으드득 깨물지 말고 혀로 굴려가며 이로 과육을 살살 갉아 먹어야 한다. 그에 비해 꿀대추는 씨앗을 싹 빼놔 먹기가 편한데, 하염없이 달콤하면서 속살이 통통하고 쫄깃해 어지간한 사탕이나 캐러멜보다도 맛이 좋다. 작은 걸로 한 봉지 샀는데 금세 뚝딱이다. 이 나라 저 나라 여행을 다닐 때마다 항상 재래시장과 슈퍼마켓을 샅샅이 훑으며 어떤 신기한 식재료가 있을까 열심히 구경을 하곤하는데, 언제부턴가 어지간한 것들은 우리나라에서도 쉽게 구할 수 있게 되었으니 세상 참 좋아졌구나 싶다. 발품만 조금 판다면 뭐든 금세 살 수 있다. 그러고 보면 온갖 모양의 파스타 면이라든가 스파게티 소스, 발사믹 식초, 푸르거나 하얀색의 곰팡이가 핀 치즈 같은 것도 지금이야 흔하지만 몇 년 전만

◀ 가게 창문엔 온통 한자뿐이다.
▶ 양꼬치 애호가의 심금을 울리는 양꼬치용 양념.

서서히 입지를 넓혀가고 있는
다양한 중국 식재료들.

해도 마냥 신기한 것들이었다. 그러니 또 모르지, 정왕동의 요 작은 중국 식료품점에서 파는 양꼬치용 양념을 언젠가는 동네 마트에서 쉽게 덥석 집어 들게 될지.

그나저나 뭘 먹어야 잘 먹었다고 소문이 날까? 수많은 양꼬치와 개고기 전문점, 명태 요리 전문점 사이를 걷다가 국수와 만두 등을 파는 식당을 발견했다. 가게 벽 하나가 전부 메뉴판이다. 우와, 음식 종류가 무지하게 많은데? 그치만 전부 한자다. 큰일 났다. 그래도 국수를 뜻하는 면面이라든가 고기 요리인 육肉 정도는 분간이 되니 진정하고 차분히 탐구를 시작하는데 다행히 주인아주머니가 서툰 우리말로 메뉴 설명을 해준다. 여긴 돼지고기가 들어갔고 저건 한국 사람들도 좋아하는 거고 하며 열심히 알려주는데 사실 아주머니의 우리말이 서툴다기보다는 사용하는 단어와 억양에 미묘한 차이가 있어 조금 어색하게 느껴질 뿐, 좀 듣다 보면 금세 익숙해진다. '우리 국수 다 손으로 만들어요'라고 하기에 수타면이라는 얘기겠구나 싶어 돼지고기와 온갖 채소를 넣었다는 볶음면 한 접시랑 만두, 매콤한 오이무침을 주문. '만두 우리가 다 만들어요. 안에 고기 있어요'라는 설명을 들으니 어휴 기대된다!

중국식 매콤 오이무침인 마라샹궈麻裸黃瓜, 요게 참 맛있다. 오이만 절여놓았다면 넉넉히 10분, 빠르면 5분 만에 뚝딱 완성할 수 있을 정도로 간단한 음식이다. 재료와 수고에 비해 맛이 무척 좋다……라고 쓰다 보니 '주부님들~ 바쁜 아침에 요거 꼭 한 번 만들어보셔요'라고 덧붙여야 할 것만 같은 생각이 든다. 우선 굵직한 오이를 손가락 길이만하게 툭툭 자른 다음 소금을 솔솔 뿌려 30분가량 절여놓아야 하는데, 칼로 썰기 전에 몽둥이로 오이를 쿵쿵 두드려 정신을 쏙 빼놓으면 양념이 속속들이 더 잘 밴다. 오이에게는 좀 미안하지만. 이제 적당히 절여진 오이를 고추기름과 간장, 참기름, 다진 마늘, 식초와 설탕 등을 섞은 양념에 휙휙 버무리기만 하면 끝이다. 냉장고에 넣어 몇 시간 재워두면 맛이 더 깊어지겠지만 이대로도 꽤 괜찮다. 매콤, 달콤, 새콤, 짭짤하니 밥반찬으로도 좋고 술안주로도 훌륭하다. 중국 음식 중에는 기름을 듬뿍 쓴 것들이 많아, 요 마라샹궈를 추가로 주문해 함께 먹으며 입안을 상큼하게 씻어주는 것이 좋다. 그래야 더 많이 먹을 수 있겠지?(이거 아주 중요하다) 마라샹궈 양념에 들어가는 고추기름은 우리가 보통 사용하는 것

고추기름 향내 솔솔~ 산뜻한 마라샹궈.

쫄깃한 수타면을 솜씨 있게 볶은 로우쓰차오미엔. 맛도 좋고 양도 푸짐하다.

과 조금 다르다. 매운 산초 화자오와 고춧가루, 코리앤더 등을 넣고 뭉근하게 끓여 만든 거라 그 독특한 향에 입안이 알싸하게 얼얼해진다. 그렇다면 맥주로 달래줘야지. 시원한 칭타오 맥주와 함께 마라샹궈를 아작아작 씹고 있으니 드디어 '로우쓰차오미엔' 등장. 로우쓰는 실처럼 가늘게 채 썬 고기를, 차오미엔은 볶음면을 뜻한다. 이름처럼 큼직한 접시 가득 쫄깃한 수타면과 목이버섯, 청경채와 당근, 양파, 가늘게 채 썬 돼지고기가 듬뿍 들었다. 인심 푸짐하다. 볶음면의 소스는 춘장을 기본으로 해 익숙하고 달달해 부담 없는 맛. 젓가락이 입으로 계속 들어간다. 후룩후룩 국수를 쭉 들이마시니 입안에 불맛이 확 느껴진다. 가스레인지의 화력이 약한 가정집 부엌에서는 구현하기 쉽지 않은 그 맛과 향기, 최고네!

요번엔 아주머니가 자신 있게 추천한 만두 차례다. 한입에 쏙 들어가는 자그마한 크기의 물만두인데 만두피가 도톰하고 쫄깃하다. 냉큼 입에 넣고 깨무니 중국 음식에 두루 쓰이는 향신료인 오향五香의 냄새가 솔솔 나는 게 향기롭고 맛 좋다. 산초, 팔각, 회향, 정향, 계피가 섞인 오향은 사실 어느 정도는 취향을 탈 수 있다. 마치 우리의 된장이나 고추장, 청국장 냄새와 같다. 그치만 일단 한 번 맛을 들이면 사랑에 폭 빠지게 되는 향기니 아직 익숙하지 않은 분들께 몇 번만 더 도전해보라고 목 놓아 권하고 싶다. 신세계가 열리거든요! 아삭한 오이무침 한 개, 볶음면 한 젓가락, 만두 한 개. 번갈아 먹느라 바쁘다 바빠.

'맛있고 푸짐하게 자알 먹었습니다!' 음식은 입에 맞을까, 저 한국 사람이 제

주인아주머니의 추천 메뉴들은 하나같이 최고.

대로 먹기는 할까라는 눈빛으로 아까부터 은근히 신경을 쓰고 있는 주인아주머니와 주방 식구들에게 일부러 큰 소리로 인사를 한다. 무슨 걱정을 그리 하나, 이렇게 잘 먹는걸. '맛있어요, 맛있어!'라고 외치니 다들 웃으며 좋아한다. 중국어를 할 줄 모르니 오늘 먹은 음식의 이름도 돌아서면 곧 헷갈릴 지경이지만 그래도 맛있으면 장땡. 그렇게 이야기하니 주인아주머니가 대답한다. '괜찮아요, 내가 이름 알아요. 또 오면 내가 얘기해주면 돼요'라고. 네, 또 와서 다른 맛있는 음식들도 먹어볼게요!

음식 한자를 배워봐요

먹을 거만ㅋ

미엔
面 국수♡

판
饭 밥

슈짜오
水饺 물만두!

차오
炒 볶은거

쓰
丝 채썬거

라
辣 매운거♡

등등~

메뉴판에
자주 등장하는 단어들 !!

애네들만 외워놔도
대충 때려맞힐수 있어요 ㅎㅎㅎ

잠깐... 나 빼고 한자는거 아녀??

한자 바보

정왕시장 골목, 어떻게 찾아갈까?

지하철 4호선 정왕역 1번 출구 앞에서 28, 29번 버스 탑승 후 방배슈퍼정류장 하차. 약 13분 소요. 정왕시장 건물 주변의 주택가 사이사이 양꼬치, 명태, 개고기 전문점 등 많은 연변식 중국 음식점이 있다.

Travel Tip

정왕동 외국인 거리

안산시 원곡동에 다문화 거리가 조성되고 인기를 얻으면서 자연히 집세와 물가가 올라, 다수의 외국인 근로자들이 상대적으로 저렴하면서도 거리가 가까워 출퇴근에 부담이 없는 시흥시 정왕 동으로 이주했다. 현재 약 1만 6,000명의 외국인 거주자들이 있는데 주민 3명 중 1명 꼴인 셈이다. 대다수가 한국계 중국인 조선족이며 소수의 베트남인과 필리핀인 등이 있다.

군서로 18번길 1~48
Gunseo-ro 18beon-gil
한국
中國
Viet nam
food
換錢所
일방통행
Mart
다문화마트
중국식품/한국식품/베트남식품
H.P.010-8675-5059
HALAL
롯데
일방통행

혜화동 Hyehwa-don

지하철 4호선 혜화역에 내려 1번 출구로 나가면……까지만 써도 어느 동네 이야기인지 금세 알아볼 분들 많죠? 바로 대학로! 크고 작은 공연장과 식당, 카페, 술집 등 일단 밖으로 나가기만 하면 놀거리가 넘쳐난다. 그런데 그 사람 많고 북적이는 곳에서 조금만, 정말 요만큼만 더 걸어 올라가면 완전히 새로운 세계로 통하는 문이 열린다는 사실, 아시려나? 날이면 날마다 열리는 게 아닌 일주일에 단 하루, 매주 일요일에만 잠깐 열리는 문!

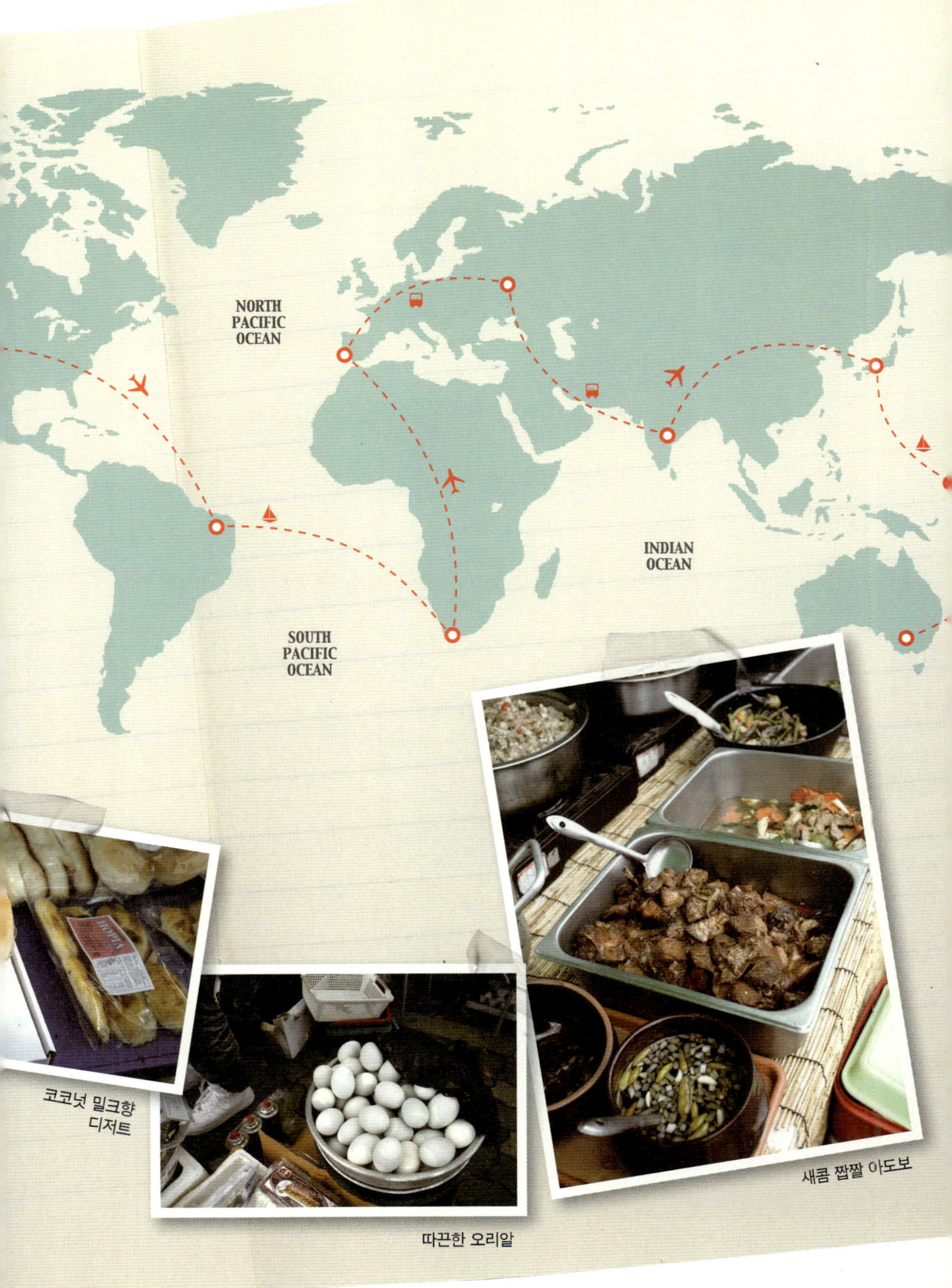

코코넛 밀크향
디저트

따끈한 오리알

새콤 짭짤 아도보

일주일에 단 하루만 – 혜화동 필리핀 벼룩시장

지하철 4호선 혜화역에 내려 1번 출구로 나가면……까지만 써도 어느 동네 이야기인지 금세 알아볼 분들 많죠? 바로 대학로! 크고 작은 공연장과 식당, 카페, 술집 등 일단 밖으로 나가기만 하면 놀거리가 넘쳐난다. 그런데 그 사람 많고 북적이는 곳에서 조금만, 정말 요만큼만 더 걸어 올라가면 완전히 새로운 세계로 통하는 문이 열린다는 사실, 아시려나? 날이면 날마다 열리는 게 아닌 일주일에 단 하루, 매주 일요일에만 잠깐 열리는 문!

슬슬 배가 고파지는 낮 12시, 지하철 1번 출구에서부터 쭉 직진해 걸어 올라가다 보면 어라, 어느 순간 주변 분위기가 확 바뀐다. 동성고등학교 앞에서부터다. 가무잡잡한 피부, 뚜렷한 이목구비의 외국인들이 하나 둘씩 보이기 시작하는데……. 앗 잠깐, 하나

필리핀 전문 여행사의 입간판. 일요일에만 문을 연다고.

둘이 아니라 무지하게 많은걸? 모두 필리핀 사람들이다. 그러고 보니 파란색과 빨간색, 하얀색의 필리핀 국기가 크게 프린트된 여행사 입간판들도 눈에 띈다. 바로 혜화동의 필리핀 벼룩시장이다. 7일에 한 번씩 매주 일요일에만 열리니 말하자면 7일장인 셈인데 대략 오전 10시쯤부터 노점들이 하나둘씩 장사를 개시하기 시작해 미사가 시작되는 낮 1시 반이면 바야흐로 피크 타임이 된다.

그런데 미사라니, 무슨 소리냐고? 실은 요 앞 혜화동 성당에선 일요일이면 필리핀의 언어인 타갈로그어 미사가 열린다는 사실. 지난 1995년 국내 최초로 필리핀인 신부가 부임한 이후 지금까지 혜화동 성당에선 일요일 낮 1시

필리핀 슈퍼마켓을 그대로 싹 옮겨놓은 듯.
없는 것 빼곤 다 있네~

반부터 3시까지 국내 거주 필리핀인들을 위한 미사를 주 1회 열고 있다. 그러다 보니 사람들이 모이게 되고 노점도 하나둘 생기게 되어 지금은 꽤 큰 규모의 벼룩시장이 형성되었다. 경기도 안산이나 서울 가리봉동 등의 여타 다문화 거리와는 달리 이곳은 100퍼센트 노점으로만 구성되어 있다. 고로 일요일이 아니면 만나볼 수 없다는 사실, 명심 또 명심.

세제라든가 화장품 같은 생활용품들도 있지만 역시 먹을 것이 제일 먼저 눈에 쏙쏙 들어온다.

어디 보자, 코코넛 과즙 음료라든가 큼직큼직한 냉동 생선, 속 내용물이 궁금해지는 통조림들과 온갖 조미료들, 망고와 두리안 같은 열대 과일들이 눈에 띈다. 아무래도 노점이다 보니 종류가 아주 다양하진 않지만 그래도 있을 건 다 있다. 외국 생활 중 제일로 아쉬운 건 아마도 본국의 양념과 조미료 아닐까? 어릴 적부터 먹어온 익숙한 맛과 향에 입맛이 길들여졌을 테니 말이다. 그래서인지 이곳에도 필리핀 전통 식초와 간장, 젓갈류를 파는 사람들이 많다. 작은 보라색 새우를 소금에 절인 필리핀식 새우젓 바궁 알라망bagoong alamang을 보니 친근감이 생긴다. 국적은 달라도 발효 식품 사랑은 다 똑같은 모양이네. 식초 한 병 사볼까? 노르스름한 식초 속에 마늘과 양파, 작은 고추(무척 맵다)가 들어 있다. 필리핀 식초 수까suka는 사탕수수즙을 발효시켜 만드는데, 때로는 거기에 맑은 코코넛 과즙을 섞기도 한다. 포도즙으로 만드는 이탈리아의 발사믹 식초라든가 우리나라와 중국, 일본과 베트남에서 두루 먹는 쌀 식초와는 미묘하게 맛이 달라 한 병 장만해놓으면 요기조기 재미있게 쓸 수 있다. 우리가 보통 먹는 식초보다 신맛이 약하고 부드러우면서 달짝지근한 게(사탕수수즙 때문이겠지?) 어찌 보면 피클 국물과도 좀 비슷하다. 그리고 향신채들 덕분에 매콤 알알한 맛까지 더해져 개운하다. 그러고 보면 나라마다 식초의 재료도 참 다양한 게 맥주와 와인, 고량주 같은 술로 만들기도 하고 코코넛이나 사과, 라즈베리, 키위, 대추 같은 과일즙으로도 담그다니 놀랍다. 언젠간 다 맛보고 말 테야!

옆에선 커다란 양재기 가득 큼직한 새알을 담아놓고 팔기에 오리알이냐고 물으니 맞단다. 하나 달라고 하니 필리핀 아저씨가 당황하며 '이 안에 병아리 있어요'라고 어눌한 우리말로 만류한다. 부화 직전의 오리알이나 달걀을 삶은 발룻balut인데 배낭여행 중 이미 맛본 음식인지라 씩 웃으며 하나 사 들고 계속 벼룩시장을 구경한다. 삶은 지 얼마 되지 않은 듯, 오리알이 아직 따뜻

◀ 따끈하게 삶은 오리알 발룻.
▶ 채소도 한가득. 어디 보자, 어떤 것들이 있나?

하다. 시장 곳곳에 싱싱한 초록빛 채소들도 가득하다. 쓰디쓴 여주라든가 쨍한 향내의 코리앤더처럼 익숙한 것도 있지만 생소한 채소들도 있다. 이건 뭘까 하며 구경하고 있으니 옆에서 아저씨들이 참견을 한다. '이거 맛있어요. 필리핀 사람 많이 먹어요.' 시원하게 설명을 해주고 싶긴 한데 한국어가 좔좔 나오지는 않으니 답답해하는 표정들이다. 아무렴 어떻습니까, 맛만 있으면 되지요!

10년 전쯤 대학로에 놀러 나왔다가 우연히 이곳 벼룩시장을 발견했을 때만 해도 좌판은 고작 서너 개, 분위기도 '그들만의 리그'라는 생각이 들 정도로 폐쇄적이었는데 이젠 오가는 사람 누구나 반겨주니 기분 좋다. 아직은 우리 말이 서툰 사람들도 있지만 '언니~'라는 소리까지 곁들여가며 능숙하게 호객하는 사람도 있다. 몇 마디만 해보면 누가 신참이고 누가 고참인지 견적이 딱 나오는구만. 하하하! 신참 상인 옆에서 통역을 도와주던 고참이 '나는 귀화했어요. 이제 한국 사람이에요'라며 웃는다. 대부분 우리나라 사람과 결혼

해 다문화 가정을 꾸린 것이다. 주중엔 각자의 일
터에서 열심히 일을 하고, 일요일엔 이곳에 나와
좌판을 벌이니 휴식은 언제 취하려나. 다들 괜찮
아요?

달달한 빵, 과자류도 눈에 들어온다. 단 거라면 놓
칠 수 없지! 후다닥 달려가 갈색으로 잘 구워진 파
이를 보며 눈을 번쩍번쩍 빛내고 있으니 '계란 들
었어요. 달아요'라고 설명을 해준다. 그 옆의 연노
랑색 코코넛 파이는 그보단 덜 달다고. 욕심껏 전
부 사서 맛을 보니 달콤하고 부드러운 게 서로 비

▶ '언니, 이거 보고 가요!' 능숙한 우리말로 호객 중인 상인.
▼ 달콤한 디저트들. 코코넛 밀크의 향기가 좋다.

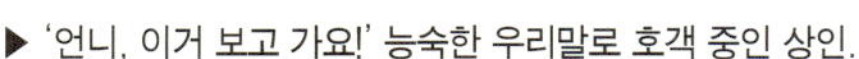

◀ 찹쌀가루로 만들어 얼핏 봐선 우리 떡 같다.
▶ 바삭바삭 돼지껍질 튀김 치차론.

숫하다. 계란과 코코넛 파이뿐 아니라 카사바 파이, 흰색 쌀떡, 자색 고구마 떡 등 대부분이 하나같이 쫀득하고 쫄깃하다. 요 필리핀의 달달한 디저트들은 쫀득한 찹쌀과 고릿하면서도 향기로운 코코넛 밀크를 빼놓고 얘기할 수가 없다. 말레이시아와 인도네시아, 베트남, 태국 등 엇비슷한 기후의 동남아시아 국가들의 공통점이기도 하다. 설탕을 듬뿍 넣은 찹쌀밥에 코코넛 밀크를 뿌린다든가(태국에선 요걸 잘 익은 망고와 함께 먹는데, 그 맛이 기막히다) 곱게 간 찹쌀가루와 아삭한 코코넛 과육을 섞어 묵이나 젤리처럼 쪄낸다든가 하는 식이다. 하나같이 쫀득쫀득 달콤하고 묵직한 것들이라 배부르게 식사를 마친 후 입가심으로 먹을 만한 가벼운 질감은 아닌 게, 밥을 먹고 나서 떡이나 약식을 또 먹는 느낌이랄까?

이젠 동네 마트의 수입 식료품 코너에서도 쉽게 볼 수 있는 필리핀산 크래커

▲필리핀 맥주와 음료수.
아이스박스에 시원하게 몸을 담그고서 유혹 중이다.
◀▶이곳에서도 제일로 붐비는 곳, 바로 야외 식당!

와 감자칩들 사이 신기한 과자 하나가 눈에 들어온다. 치차론chicharon이다. 사실 요건 과자라고 부르기는 좀 뭐한 게, 돼지 껍질을 뻥 튀기해 봉투에 가득 담아놓은 것이기 때문이다. 돼지 껍질을 튀기다니 왠지 이상할 것 같지만 바삭바삭하고 짭조름해 맥주 안주로 그만이다. 때론 닭이나 양, 소를 사용하기도 한다지만 치차론 하면 역시 돼지 껍질이 원조다. 원래 세비야와 그라나다 등 스페인 남부 안달루시아 지방의 전통 음식인데 뒤에 소개할 아도보adobo와 마찬가지로 스페인 식민지였던 아르헨티나와 볼리비아, 칠레, 콜롬비아, 멕시코 등 중남미 대부분의 나라에서 아작아작 와삭와삭 즐겨 먹는다. 식민 지배는 오래 전에 끝났지만 그 영향은 음식 문화에 여전히 깊이 남아 있는 것이다. 아시아에선 필리핀이 거의 유일하게 치차론을 먹는 나라라고. 소금과 후추를 기본으로 레몬이나 라임즙, 파프리카 가루, 토마토소스 등 나라마다 조금씩 다른 양념으로 돼지 껍질에 맛을 더하는데 필리핀에선 식초와 간장, 다진 마늘을 살살 뿌려 먹는다. 커다란 기름솥에서 갓 튀긴 치차론을 건져내 즉석에서 휘휘 양념해 파는 길거리 노점들이 흔하다니 당장이라도 배낭을 꾸려 달려가 보고 싶어진다. 요렇게 봉지에 든 대량 생산품도 바삭하니 먹을 만하지만 갓 튀긴 건 아마도 끝내주겠지? 마침 옆 노점에선 얼음을 채운 아이스박스를 몇 개씩 갖다놓고는 산 미구엘San Miguel과 레드 호스Red Horse 같은 필리핀 맥주와 음료수를 팔고 있다.

아, 유혹적이야~. 미리 조리된 음식들을 가져와 데워가며 장사하는 길거리 식당들도 있다. 이쪽 집은 필리핀인 아내와 한국인 남편의 콤비이고 저쪽 집은 한국인 시어머니와 필리핀인 며느리의 쿵짝이다. 우리 손맛과 필리핀 손맛의 조화는 과연 어떠려나? 얼핏 보면 우리 음식 같기도 한 여러 가지 반찬들 중에서 두 가지를 고르면 비닐을 씌운 식판에다 쌀밥과 함께 그득하게 담아준다. 그야말로 필리핀 백반이네. 반찬은 뭐가 좋을까? 돼지고기, 쇠고기, 닭고기 등으로 만든 조림 요리가 많다. 아도보다. 간장과 식초, 마늘, 생강, 후추 등을 섞은 양념장에 재운 고깃덩어리를 갈비찜이나 장조림하듯 푹 졸인 것인데 고기뿐 아니라 오징어 같은 해물로도 만들 수 있는 흔하고 대중적인 필리핀 음식이다. 식초가 듬뿍 들어가 새콤하다는 게 맛의 포인트. 고민 끝에 두 가지 고기반찬을 골라 노점 뒤편의 임시 테이블에 자리를 잡고 앉았다. 물론 합석은 기본. 서비스로 반찬 한 가지를 더 받아 기분 좋게 식사를 시작하는데 테이블 맞은편의 필리핀 여성이 필리핀 음식을 전에도 먹어봤느냐, 여행을 가본 적 있느냐며 이것저것 물어본다. 음식이 입에 맞는지 궁금한 모양

야외 식당에선 합석은 기본.
안녕하세요? 우리 같이 먹어요!

이다. '12년째 한국에 살아요. 안양에 사는데 일요일에는 여기 꼭 와요.'
친구들도 만나고 성당에서 미사도 드릴 겸 일요일이면 으레 이곳을 찾는
단다.

맛있는 아도보를 곁들여 밥을 싹 먹어 치운 다음 아까 구입한 오리알 발롯을
꺼냈다. 자, 그럼 요걸 어떻게 먹느냐~. 우선 숟가락으로 껍질을 톡톡 쳐 윗
부분을 뚜껑 열듯 벗겨낸 다음 소금을 솔솔 뿌리고 식초를 살짝 친다. 앞서
이야기한, 사탕수수즙으로 만든 산뜻한 맛의 필리핀 식초다. 요게 오리알 특
유의 냄새를 잡아주는 고마운 역할을 한다. 먹을 준비를 끝내고 비장한 표정
으로 숟가락을 들어올리니 주변의 시선이 집중된다. 저 한국 사람이 과연 발
롯을 먹을까 하는 듯한 표정이라 일부러 보란 듯이 크게 한 입~. 부화 직전
의 알을 삶은 것이다 보니 속 내용물의 비주얼이 좀 무시무시하긴 하지만(깃
털과 뼈가 씹힐 때도 있고 자칫하면 새끼 오리와 눈이 마주치기도 한다) 맛은 삶은 오리알과 크게 다르지

않다. 마음만 비우면 된다니까요! 발롯은 이렇게 간단히 삶아 먹기도 하지만 달걀 장조림마냥 달달한 양념 간장에 푹 졸이기도 하고 프라이팬에 톡 깨넣어 오믈렛처럼 익혀 먹거나 바삭한 파이의 속재료로 사용하기도 한다. 필리핀뿐 아니라 베트남과 태국, 중국 등에서도 두루 먹는데 요게 정력제로도 그렇게 인기가 좋단다. 이 부분에서 솔깃하는 분들도 있겠지? 실은 우리나라에도 발롯이 있다. 곤계란 혹은 곤달걀이라고 부르는데 오리알 대신 달걀을 쓴다. 지방의 전통시장 등에서 어렵지 않게 찾을 수 있으니 마주칠 기회가 있다면 주저 말고 도전해보시라!

발롯에 도전! 마음을 굳게 먹고 껍질을 까봅시다.

동성고등학교 앞에서 시작된 벼룩시장은 혜화동 성당 입구가 보일 무렵 끝이 난다. 어느새 1시 반, 타갈로그어 미사 시간이 되었네. 필리핀 사람들이 하나둘씩 성당 안으로 들어가기에 그 뒤를 졸졸 따른다. 혹시 한국인 출입은 안 되는 것 아닐까 걱정했는데, 전혀요. 누구에게나 열려 있다. 안으로 들어가니 어휴, 사람이 바글바글하다. 조금만 늦으면 자리가 없을 정도. 미사는 타갈로그어와 약간의 영어가 섞여 진행되는데 그중 알아들을 수 있는 단어는 단 하나뿐이다. 아멘!

◀ 어느새 미사 시간. 다들 성당으로 줄지어 간다.
▶ 조금만 늦어도 자리가 없을 정도.

필리핀 인구의 약 80퍼센트가 가톨릭 신자다. 300여 년의 길고 긴 스페인 식민 지배는 음식 문화뿐 아니라 종교에도 깊은 영향을 끼쳤다. 그런지라 서울에 사는 필리핀인은 물론이고 수도권 거주자들까지도 일요일 낮이면 으레 이곳 혜화동 성당으로 집결하는 것. 종교의 힘이다. 우리나라 사람들 역시 유학이나 이민 등 외국 생활을 할 때 한인 종교단체를 통해 정신적, 물질적 도움을 주고받는 경우가 많단다. 종교도 종교지만 고향 사람들이 그리워서이기도 할 것이다.

밖으로 나와 다시 벼룩시장을 쭉 거슬러 올라간다. 국제전화카드와 휴대폰을 파는 노점들도 여럿 있다. 정식 휴대폰 매장이 아니라 007 가방에다 물건을 담아 와서 파는 거라 좀 미심쩍어 보이지만 의외로 사람이 바글바글, 인기가 좋아 보인다. 한국에 갓 입국한 외국인 입장에선 낯설고 불편한 점들이 꽤 많을 것이다. 국제전화카드든 휴대폰이든 뭐든 당장 꼭 필요한 물건이 있는데 한국말로는 뭐라고 하는지, 어딜 가야 구할 수 있는지 전부 막막할 수 있겠지. 그러니 이런 벼룩시장이라

벼룩시장 인기 코너, 국제전화카드와 휴대폰 노점.

든가 외국인 거리가 생기는 건 자연스러운 현상이다. 문제는 현재 이곳이 불법이라는 것. 지역 관할인 종로구청에서 철거를 요청하면 언제든 짐을 싸야 한다. 실제로 시장 형성 초기엔 단속을 나온 구청 공무원들과 마찰을 빚는 일이 잦았단다. 그러다 성당 측의 중재로 일요일 하루, 정해진 시간에 열고 닫

일요일 단 하루만 열리는 시장. 한국인 손님들도 적지 않다.

으며 이 구역을 벗어나지 않기로 어느 정도까지는 타협이 된 상태다. 이곳의 상인들이 유난히 친절하고 호객 행위도 심하지 않은 것은 어쩌면 몸을 사리느라 그런 것일지도 모른다. 시간을 두고 논의해 거리의 명물로, 관광 상품으로 개발할 방법이 있을 텐데.

그나저나 아까 발롯에 솔솔 뿌려 먹었던 매콤한 식초, 고게 참 맛있었단 말이지. 고건 꼭 한 병 사 가야겠다. 어느 노점이더라?

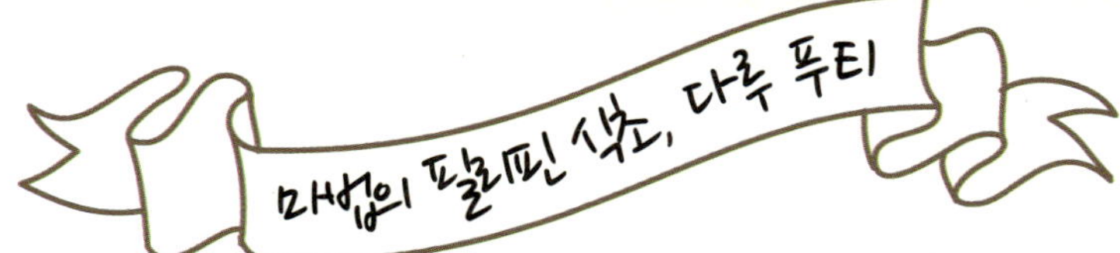

마법의 필리핀 식초, 다투 푸티

샐러드에도
좋고요.

생선이나
고기요리에도 ~
개운~한 맛~

뭐 볶아먹을 때도
잘 어울림

이것은!!
우오오
고추랑 마늘이 듬뿍 들어 있는!!
매콤알알한 필리핀 식초!!!!

얼마임?
깎아줘
3천 원
시러

어느새
딸랑 요거 남았네……
조만간 혜화동 또 가야지

혜화동 필리핀 벼룩시장, 어떻게 찾아갈까?

지하철 4호선 혜화역 1번 출구에서 동성고등학교, 혜화동 로터리 방향으로 직진. 매주 일요일 오전 10시부터 열린다.

볼 것, 먹을 것

• 길에서 먹기

100퍼센트 노점으로 이루어진 벼룩시장인 만큼 길에서 다양한 필리핀 간식들을 맛보는 재미가 있다. 임시 테이블을 설치한 야외 식당도 추천.

Travel Tip

필리핀

서태평양에 위치한 동남아시아의 섬나라로 수도는 마닐라다. 16세기부터 약 200년에 걸친 스페인 식민 지배를 받으면서 종교, 문화적으로 큰 영향을 받았다. 약 80퍼센트의 국민이 로마 가톨릭 신자이다. 음식 역시 다른 동남아시아 국가들과 달리 서양의 영향을 받은 독특한 양념과 조리법들이 특징이다.

건대
konkuk univ

불타는 금요일 저녁, 오늘은 지하철 건대입구역에서 달린다! 호프집과 노래방 가득이던 이 동네에 언젠가부터 양꼬치 거리가 형성되기 시작했다. 그런데 어휴, 그 규모가 장난이 아닌데? 대체 어떤 연유로, 언제부터 이렇게 바뀐 거야? 무지 신나잖아! 불야성 양꼬치 거리로 멋지게 변신한 자양동 골목, 정확히는 자양 4동의 길고 좁은 평지 골목. 설레는 가슴을 안고 신발끈 단디 묶고 출발~

얌얌 양꼬치

생강향 가득 가지볶음

쫄깃한 꿔바로우

양꼬치에 맥주 한잔! — 건대 양꼬치 거리

불타는 금요일 저녁, 오늘은 지하철 건대입구역에서 달린다! 호프집과 노래방 가득이던 이 동네에 언젠가부터 양꼬치 거리가 형성되기 시작했다. 그런데 어휴, 그 규모가 장난이 아닌데? 대체 어떤 연유로, 언제부터 이렇게 바뀐 거야? 무지 신나잖아! 불야성 양꼬치 거리로 멋지게 변신한 자양동 골목, 정확히는 자양 4동의 길고 좁은 평지 골목. 설레는 가슴을 안고 신발끈 단디 묶고 출발~.

구로구 가리봉동이라든가 영등포구 대림동, 종로구 창신동 등 조선족 중국인들이 많이 모여 사는 서울 속 연변 거리들은 대부분 좀 외진 곳에 위치하지만 건대입구 양꼬치 거리는 나름 서울의 중심가다. 어떻게 이곳 자양동에 또 하나의 연변 거리가 생긴 것일까? 그 역사는, 어디 보자, 10여 년 전으로 쭉 올라가는데 당시 이 근처 화양동과 성수동의 봉제공장에서 일하던 중국인 근로자들이 싼 월세방을 찾아 모여들기 시작한 것이 시초란다. 자연히 식당이며 식료품점도 하나둘 생겨나 어느새 긴 골목 하나가 전부 연변 거리로 재탄생한 것. 인천 선린동과 북성동, 서울의 명동, 연희동, 연남동 등의 '원조' 차이나타운에 비하면 역사가 짧다. 요 원조 차이나타운들은 그 옛날 청나라

양꼬치를 형상화했다는데…
좀 애매한 모습의 조형물.

말기에 들어온 사람들로 산둥성과 대만 출신 화교들이 대부분인데 비해 연변 거리라 불리는 신생 차이나타운들은 1992년 한중 수교 이후 일자리를 찾아 입국한 사람들로 대부분 동북 3성 출신의 조선족들이다. 대림동과 가리봉동, 신림동, 그리고 이곳 자양동 등 지하철 2호선 라인을 타고 서울 동북부 지역에 자리를 잡았다. 흘낏흘낏, 이 사람들은 다 누굴까 하며 생소해했던 때도 있었지만 이젠 그 숫자도 상당하고 지역 경제에 미치는 영향도 무시할 수 없을 정도로 규모가 커졌으니 바야흐로 다문화 시대가 맞긴 맞구나. 외국 여러 나라의 코리아타운은 어느 정도의 규모, 어떤 분위기일지 갑자기 궁금해지네.

지하철 2호선과 7호선이 만나는 건대입구역에서 내려 5번, 또는 6번 출구로 나가면 곧 양꼬치 거리를 만날 수 있다. 골목 입구에 노란색 조형물이 서 있어 찾기 쉬운데 양꼬치를 형상화한 디자인에다 중국인이 선호하는 노란색을 사용했다고 써 있긴 하지만 사실 그다지 멋져 보이진 않는다. 양꼬치 거리는 700미터 가까이 되는 꽤나 긴 골목이다. 거리의 역사는 짧지만 확실한 특색이 한 가지 있다. 바로 양꼬치라는 한 가지 메뉴가 동네를 꽉 잡고 있다는 것! 그 어떤 연변 거리보다도 양꼬치 전문점의 비중이 높다. 골목 입구에서 목을 쭉 빼고 슥 들여다보기만 해도 알 수 있지만 실제로 길 끝까지 걸어가보면 어휴, 장난이 아니다. 하지만 중국 특유의 분위기를 살려 거리 곳곳을 장식한 인천 차이나타운에 비해 좀 칙칙하고 어둡다. 인천 차이나타운이 가족 나들이를 하기 좋은 유원지 느낌이라면 이곳 건대 양꼬치 거리는 삼삼오오 모여서 술 한잔하기 좋은 유흥가랄까.

그나저나 양꼬치집이 정말 많긴 많네. 한자 간판이 잔뜩인 가리봉동, 동대문, 안산 등과는 다르게 여긴 우리말 간판 위주다. 그만치 한국인 손님이 많은 것

눈 감고도 읽을 수 있는 우리말 간판.

이다. 아무래도 한자, 즉 외국어만 잔뜩이면 이질감이 느껴져 진입 장벽도 높아지겠지. 가게 이름은 뭔지, 어떤 음식을 파는지 일단 읽을 수 있어야 들어와서 식사를 할 마음도 생길 테니 말이다. 덕분에 연변 거리들 중에선 이곳이 제일로 시끌벅적하고 활기차다. 시내 곳곳에서의 접근성까지 좋아 우리나라 사람들이 많이들 찾는다.

어이구, 사방에서 숯불에 고기 굽는 냄새가 폴폴 풍겨오니 빈속에 불이 붙는구만. 손님이 테이블에서 직접 꼬치를 굽는 식당도 있지만 직원이 가게 밖에서 구워 가져다주는 곳도 있으니 이 긴 골목 가득 맛있는 냄새 천지다.

▲▲ 국제전화용 전화기를 내놓고 영업 중인 여행사.
▲ 이 동네 필수 업무는 바로 이런 것들이다.

어디든 일단 들어가서 신나게 고기를 뜯고 싶어 안달이 나지만 잠깐 참으며 거리 구경 먼저 해본다. 700미터의 긴 거리 사이사이 좁고 작은 골목들이 나 있는데 여행사라든가 환전소, 식료품점, 미용실 등이 알차게 들어차 있다. 대부분 한국인을 대상으로 영업을 하는 곳이 아니라는 걸 딱 봐도 알 수 있다. 취업 비자 연장을 대행해준다는 광고가 붙은 여행사 사무실이며 전화카드와 휴대폰을 판매하는 가게들이 곳곳에 눈에 띄는데, 어떤 여행사는 가게 바깥에 전화기를 여러 대 놓아두고 '국제전화용'이라고 프린트해 붙여놓았다. 요즘은 공중전화기를 찾기가 쉽지 않으니 이 전화기로 본국에 연락을 하라는 뜻일 것이다. 휴대폰을 살 여유가 없는 사람들에겐 유용하겠다. 한 나라 안에서 참 다양한 풍경을 보게 되는구나.

광진구에 거주 중인 외국인은 1만 5,000명 이상, 결코 적지 않은 숫자인데 다수가 중국 국적이다. 근로자뿐 아니라 학생의 비율도 상당한데, 건국대학교에 재학 중인 외국인 유학생 2,500여 명 중 80퍼센트가 중국인일 정도라고. 주변의 한양대학교와 세종대학교의 중국인 유학생들까지 더한다면 와, 정말 많겠네! 입에 맞는 고향의 먹거리를 쉽게 구할 수 있는데다 지하철 2, 7호선 환승역인 건대입구역이 지척이라 교통도 편리해 이곳 자양동에 방을 구해 사는 경우가 많단다. 그들을 통해 양꼬치의 매력에 푹 빠진 우리나라 대학생들에게도 건대 양꼬치 거리는 인기 만발! 순식간에 가게가 늘어나 지금은 약 60~70곳 이상의 양꼬치집과 훠궈(중국식 샤브샤브)집이 성업 중이다. 교통 편해, 유동인구 많아, 가겟세 저렴해, 장사하기 좋은 3박자를 고루 갖춘 셈.

아휴, 더 못 참겠다! 이곳의 터줏대감격인 '경성양육관'으로 후다닥 들어간다. 주인아저씨께 여쭤보니 2001년에 식당 문을 열었을 때만 해도 양꼬치를 파는 곳은 단 한 군데도 없었다고. 그저 철물점이나 유리가게 등 자재류를 파는 가게만 잔뜩 있었을 뿐 마땅히 밥을 사먹을 식당 한 곳 없는 휑한 골목이었단다. 그런 곳에 가게를 오픈하다니 선구자시군요, 사장님! 그렇게 원조집

양꼬치 등장! 캬, 이제 요걸 노릇하게 구워서 한입~.

이 된 경성 양꼬치는 어찌나 인기가 많은지 옆 가게자리까지 터서 크게 확장하고 바로 맞은편에 2호점까지 냈을 정도다. 대박 나셨네요!

양꼬치는 1인분에 열 개씩이다. 열 개라고 하면 왠지 되게 많은 것 같지만 실제론 한 꼬치가 엄지손가락 한 마디 정도로 깍둑썰기 한 고깃덩어리를 예닐곱 개쯤 꿰어놓은 거다. 튀긴 음식을 좋아한다면 여기에 '가지볶음'이나 쫀득하고 넓적한 탕수육 꿔바로우鍋包肉를, 매콤한 게 땡길 땐 '마파두부'를 함께

주문하면 좋다. 그리고 칭타오 맥주도 큼직한 걸로 한 병. 요거 빼놓으면 섭하지! 요리는 상당히 푸짐한데, 커다란 둥근 접시 가득 튀기거나 볶은 음식들이 담겨져 나오니 이왕이면 여럿이서 우르르 몰려가 다양하게 주문해 먹는 것이 좋다.

음~, 숯불에 기다란 양꼬치를 올려 지글지글 구워 먹는 이 맛! 뜨거운 숯 위로 기름이 뚝뚝 떨어지면서 하얀 연기와 함께 향기로운 냄새가 폴폴 피어오른다. 양꼬치 전용 금속 틀에다 가느다란 쇠꼬챙이에 꿴 고기를 올려 굽다가 한쪽 면이 다 구워지면 샥 뒤집어 반대쪽도 마저 굽는데, 쇠꼬챙이가 가느다랗고 둥글다 보니 마음처럼 잘 뒤집어지지 않고 다시 도르르 구르기 일쑤다. 이럴 땐 꼬치 손잡이 부분을 그러쥐어 모으고 고기 부분을 부채꼴로 펼치면 얌전히 잘 구워진다. 이래 봬도 가게 이모님께 전수받은 비법이라구요!

그나저나 맛있는 양꼬치의 조건은 뭘까? 그야 당연히 고기가 맛있어야 한다는 것. 그런데 실은 살코기뿐 아니라 기름 부위 역시 무척 중요하다. 살코기만 잔뜩이면 퍽퍽하고 질기고 반대로 기름기만 왕창이면 느끼할 테니까. 보

쌈과 족발도 다르지 않다. 살코기와 지방의 적절한 황금비율, 그것이 바로 맛의 비결! 그래서 살코기 부위 한 점과 지방 부위 한 점을 번갈아 꼬치에 꿰어 만든다. 터키 여행 중 정육점 주인장 아저씨께 차를 얻어 마시며 들은 이야기인데, 양 궁둥이 부분에 주로 몰려 있는 허연 기름덩어리가 바로 양고기 요리 맛의 비밀이란다. 다른 나라의 터키 식당에서 제 맛을 내지 못하는 건 궁둥이 부위를 듬뿍 쓰지 않아서라나? 역시 칼로리는 맛의 척도! 거기에 숯불이 합세하니 향도 일품이다. 고기는 숯불구이가 최고. 슬슬 다 구워진 모양인걸? 쯔란孜然 양념에 콕 찍어 입으로 낼름 가져간다. 으아, 끝내준다!

가지볶음도 한 입. 성둥성둥 어슷하게 자른 가지를 후다닥 튀겨낸 다음 탕수육처럼 달콤새콤하게 간한 녹말소스를 부어 넣고 다시 재빨리 볶아낸 요리인데 이게 또 별미다. 마늘과 생강편도 듬뿍 들어 있어 향이 좋다. 특히 생강향이 맛을 돋워주니, 새삼 향신채란 중요하구나 하는 생각을 하게 된다. 이번엔 꿔바로우 한 점 먹어볼까? 쫄깃한 찹쌀 튀김옷을 입은 손바닥 반절 크기의 큼직넓적한 탕수육이다. 그런데 꿔바로우는 동네 중국집의 탕수육보다 신맛이 훨씬 강한 편이라 맨 처음 한입은 뜨거운 열기와 함께 확 끼치는 시큼

한 냄새 때문에 어이쿠야, 하고 놀라게 된다. 그치만 금세 익숙해지니 걱정은 그만! 한 점 먹고 두 점 먹고 자꾸만 먹고 싶어질 것이다. 꿔바로우는 중국 동북지역, 특히 하얼빈의 전통 음식인데 옛날 옛적 전국 요리대회에서 큰 상을 받은 이후 중국 곳곳에 쫙 퍼지게 되었다니 역시 맛있는 건 누구나 다 알아보는 모양이다. 꿔바로우라는 이름의 유래도 재미있는데, 음식을 맛나게 꿀꺽 삼킬 때 나는 소리에서 비롯된 거란다. 꾸울~꺽, 꿔바로~오우! 몇 년 전까지만 해도 이름도 생김새도 맛도 모두 생소했지만 요즘은 양꼬치의 인기 덕에 덩달아 상승세. 동네 중국집 탕수육은 슬슬 긴장 좀 해야겠다. 달콤새콤 쫄깃한 그 맛, 정신없이 먹다 보니 입안이 얼얼해진다. 이럴 때 필요한 건? 물론 칭타오 맥주. 입 한 번 시원하게 쫙 씻어줘야 제맛이지!

구석에선 식당 직원들이 각둑 썬 고기와

180

쇠꼬챙이를 테이블 위에 산더미처럼 쌓아두고 꿰느라 정신이 없다. 어휴, 저 많은 게 하루에 다 팔려 나갈까? 하긴, 이 거리의 인기를 생각하면 가능하겠지. 평일 점심때도 심심찮게 손님들이 들어오는데다 주말 저녁엔 문자 그대로 불야성. 직장인들뿐 아니라 학생들에게도 인기 만발이다. 동아리 모임이라든가 과모임도 많이들 하는데, 가격에 비해 양이 푸짐하고 맛도 좋으니 주머니가 가벼울 땐 이런 곳이 참 고맙다. 개중엔 친구와 선배들에게 끌려 와서 우물쭈물하는 사람들도 있지만 에이, 고민은 짧게 끝내고 일단 한번 잡숴봐. 눈으로 보기만 해서야 그 맛을 알 수 없지.

처음으로 양꼬치, 즉 양러우촨羊肉串을 먹었던 날이 생각난다. 2002년, 배낭을 메고 중국 상하이를 돌아다니던 어느 밤 연기가 풀풀 나는 아주 작은 가게 안에 사람들이 가득하기에 무작정 들어가 손짓발짓으로 음식을 주문했었다. 그게 바로 양꼬치. 아니, 그런데 이거 되게 맛있잖아? 그렇게 처음 한입에 제대로 폭 빠져버려 몇 년 후엔 아예 양꼬치의 고향이라는 중국 서쪽 끝, 신장 위구르 자치구에서 2주간 머물면서 정말이지 질릴 때까지 양고기를 먹어버렸다. 중국 최대 규모의 자치구인 신장지역은 위구르인들의 땅이다. 거기선 양러우촨이란 이름 대신 위구르어인 '케왑'으로 통하는데, 크고 작은 식당 앞에 숯불 화로를 내다놓고 펄럭펄럭 부채질을 해가며 케왑을 굽는 모습이 무척 흔하다. 과장 조금 보태서 두어 집 건너 한 집은 케왑 가게라고 해도 될 정도다. 이 지역의 전통 음식이 이제는 중국 전역에, 그리고 우리나라에까지 퍼진 것이다. 위구르인들은 다들 무슬림이라 교리에 의해 돼지고기는 전혀 입

양꼬치와 찰떡궁합, 쯔란 양념!

도 대지 않고 대신 양고기를 참 많이 먹는다. 나도 여행 내내 도를 닦는 심정으로 꼬치구이뿐 아니라 수육, 새끼양 통구이, 양 내장 순대, 양고기 찐만두와 군만두, 튀김과 볶음, 국수, 탕국 등 하루 세끼를 모두 양고기로 꽉 채웠다. 나중에는 주제가까지 생겼을 정도. '당신에게선 양 내음이 나네요~.' 어느새 완전히 질려 평생 먹을 양고기는 이제 다 먹었다고 생각했지만 웬걸, 귀국하고 며칠 지나니 다시 살금살금 그 맛이 그리워졌다. 그것이 바로 양고기 파워! 처음엔 그 맛과 향을 좀 어색해하던 주변 사람들도 이제는 '오늘 양꼬치에 칭타오 한잔?' 하고 먼저 메시지를 보낸다. 일단 빠지면 헤어 나오기 힘든 맛의 블랙홀!

양꼬치와 찰떡궁합 향신료인 쯔란의 매력도 굉장하다. 처음엔 고춧가루 등과 섞어 그 독특한 향을 순화시켜보려던 사람들도 몇 번 먹다 보면 어느새 오로지 쯔란 한 가지만 듬뿍 묻혀 먹으니 말이다. 쯔란이라고 하면 생소하지만 커민이라고 하면 아~ 할 분들도 많을 텐데, 커민의 중국어 이름이 바로 쯔란이다. 미나리과 식물의 씨앗으로 쌀알보다 약간 길쭉하면서 가느다란데 그냥 오도독 오도독 씹어 먹거나 곱게 빻아 가루를 내서 사용한다. 향이 워낙 강해 아주 조금만 넣어도 앗, 쯔란 냄새다, 하고 알아챌 수 있다. 터키와 모로코, 아

◀ 백화점과 주상복합. 길 저편은 또 다른 세상.
▶ 연변식 김치 재료가 쌓여 있다.

랍 음식, 멕시코와 그리스 음식 등에도 폭넓게 쓰이고 스페인과 포르투갈 등에선 소시지를 만들 때 고기의 잡냄새를 없애고 향을 더해주는 용도로도 사용하니 일단 요 쯔란과 친해지면 양꼬치뿐 아니라 별의별 음식들과도 사이 좋게 지낼 수 있다는 사실.

잘 먹었습니다! 밖으로 나오니 롯데 백화점이며 스타시티 등 화려 번쩍한 쇼핑센터들과 주상복합 건물들이 눈에 들어온다. 저쪽과 이쪽은 행정구역상으론 모두 같은 지역이지만 분위기는 완전히 다르다. 여긴 동네 정육점, 동네 세탁소, 동네 문방구 등 '동네 가게'들이 아직 남아 있는 곳, 장을 볼 맛이 나는 곳이다. 이제는 대형마트에서 원스톱으로 어지간한 걸 다 해결할 수 있으니 편하긴 하지만 뭔가 재미가 없달까? 어릴 적엔 고기를 산다면 당연히 시뻘건 조명의 동네 정육점으로 갔고, 가래떡을 뽑을 땐 동네 방앗간으로, 곰보빵이나 팥빵 하나를 사더라도 동네 빵집에 갔었는데 말이다. 마침 그런 그리운 분위기를 팍팍 풍기는 자그마한 식료품점을 발견해 반갑게 들어가 본다. 중화식품中華食品이라는 가게 이름처럼 중국 식재료를 파는 곳이다. 간판도, 창문에 써 붙인 판매 물품의 이름들도 전부 한자다. 좁은 공간 가득 발효시킨 장류와 양념류, 술, 차가 쌓여 있다. 우리나라에서 몇 년째 살고 있는 일본 친구가 말하길 한국 재료로도 오코노미야끼(일본식 부침개)를 만들 수 있지만 마요네즈만큼은 일본 제품을 써야 제 맛이 난단다. 미묘하게 다르다나? 하긴, 떡볶이에 고추장 대신 베트남 칠리소스를 넣으면 색은 빨갛고 맛도 맵겠지만 내가 아는 그 맛은 나지 않겠지. 맛이 있고 없고를 떠나 나에게 익숙한 고향의 맛은 아닐 것이다.

배추랑 마늘 같은 채소들이 가게 문 옆에 그득 쌓여 있는데 그중에서도 유난히 인기 많은 채소가 있다. 중국인 아주머니들이 다들 그것만 들었다 놨다 하길래 뭘까 하고 들여다보니 주인아저씨가 '그거 영채예요'라고 이름을 알려준다. '김치 담가 먹어요. 갓김치 같은 거예요.' 영채라, 그게 뭐지? 휴대폰을 꺼내 인터넷 검색을 해보니 추운 지방에서 주로 재배하는 채소인데 일명 산갓나물이라고도 한단다. 그걸로 담근 김치는 함경도 특산물로 유명하다고. 오, 그렇구나! 검색하는 중 입덧이 심해 고향에서 먹던 영채김치가 무척 그립다는 한 중국인 여성의 글을 발견했다. 왠지 토닥토닥 위로해주고 싶어지는 글이다. 임신하면 별게 다 먹고 싶어진다던데, 집 떠나와 외국 생활을 하면 더하지 않을까? 파이팅입니다, 모두들.

Travel Tip

양꼬치

중국 서부 신장 위구르 자치구의 전통 음식으로 현재는 세계 각지에 널리 퍼져 있다. 대부분 기마민족, 유목민족이었던 위구르인들이 양고기를 간편하게 먹기 위해 개발한 음식인데 이후 실크로드를 따라 동쪽과 서쪽으로 널리 전파되어 러시아, 우즈베키스탄, 터키, 그리스 등 많은 나라에서 비슷한 형태의 고기 꼬치구이를 찾아볼 수 있다.

HOME 우 양꼬치
카슈가르
신장 위구르 자치구
베이징
상하이
이동네여~
위구르 전통모자
말이 중국이지
터키 어드메 같아요
독립운동 활발한곳!
지글
지글
양꼬치 파는 식당이
세집건너 한집씩 있을 정도임
여행하기 쫌 빡세씨지만~
멀고 말 안통하고
흥미진진 재밌는 동네여요ㅋ
전기도 뚝뚝 끊기고

건대 양꼬치 거리, 어떻게 찾아갈까?

지하철 2, 7호선 건대입구역 5번 출구 이용. 약 250미터, 도보 4분 거리. 골목 입구에 노란색의 길쭉한 조형물이 서 있어 찾기 쉽다.

볼 것, 먹을 것

• 경성양육관

양꼬치 거리 입구에서 약 350미터 직진. 본점 바로 맞은편에 2호점도 있다. 양꼬치와 꿔바로우, 마파두부, 가지볶음 등이 푸짐하고 맛있다.

평택
Pyeongtaek

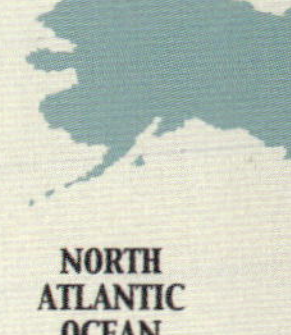

K-55 미 공군기지, 일명 평택 미군부대 앞에 가보셨나요? 지하철 1호선 송탄역 근처인 이 지역은 소위 말하는 기지촌이라 주한미군과 그 가족들, 그리고 그들을 위한 상점들이 가득해 얼핏 보면 미국 어디쯤인가 싶을 정도로 좀 낯설게 느껴지기도 한다. 하지만 안쪽 깊숙이 들어가 보기 전엔 제대로 알 수 없겠지? 맛있는 음식이 가득한 그곳으로 뱃속 싹 비우고 출발~.

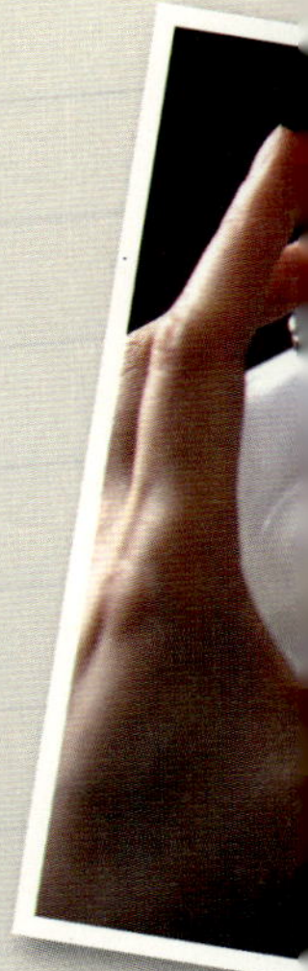

스페셜 버거!

따끈한 토르티야 수프

돌돌 말아먹는 파히타

Hello, everyone! - 평택 미군부대 앞거리

K-55 미 공군기지, 일명 평택 미군부대 앞에 가보셨나요? 지하철 1호선 송탄역 근처인 이 지역은 소위 말하는 기지촌이라 주한미군과 그 가족들, 그리고 그들을 위한 상점들이 가득해 얼핏 보면 미국 어디쯤인가 싶을 정도로 좀 낯설게 느껴지기도 한다. 하지만 안쪽 깊숙이 들어가 보기 전엔 제대로 알 수 없겠지? 맛있는 음식이 가득한 그곳으로 뱃속 싹 비우고 출발~.

입에 착 붙는 이름과 촌스러운 간판이 이 집의 매력!

평택 미군부대 앞 하면 절대
로 빼놓을 수 없는 명물이 있
으니 바로 햄버거다. 햄버거
야 오만 군데 다 널려 있는 흔
한 음식이지만 그래도 여긴
특별하다. 서로 50미터도 채
떨어지지 않았을 정도로 가까
운 곳에서 마주 보고 있는 '미

동네 분식집 같은
친숙한 분위기다.

스 리 햄버거'와 '미스 진 햄버거'. 용호상박이란 이런 상황을 두고 쓰는 말
이 아닐까? 두 가게 모두 만만찮게 역사가 오래된 곳이라는데 그중 규모가
더 큰 미스 리 햄버거로 간다. 크다고 해봤자 사실은 테이블 예닐곱 개 정도
의 아담한 식당이지만. 문을 열고 들어가면 바로 정면에 카운터가, 그 안쪽
엔 지글지글 버거 패티를 굽고 있는 주방이 보인다. 인테리어가 조금 어수
선해 보이는 것 말고는(그런데 실은 그게 매력이다) 일반적인 패스트푸드점 구조다.

이 집 사장님 성은 곽 씨다. 미스 리 햄버거집인데 곽 씨라니? 미군들 입에
착 붙을 만한 이름으로 가게 작명을 하다 보니 그렇게 된 거란다. 그들 생각
에 한국 사람은 으레 김 씨 아니면 이 씨, 박 씨일 테니까. 하긴, 우리도 미국
인 하면 톰과 제인, 메리와 마이클을 먼저 떠올리게 되니 same same, 쌤쌤
이네. 미군을 상대로 잘 팔릴 만한 메뉴를 이리저리 궁리하다 햄버거를 떠
올렸는데 당시로선 흔치 않은 음식이라 시행착오가 많았단다. 그게 30여 년

전이라니 그럴 만도 하다. 버거킹은커녕 맥도날드, KFC도 국내에 진출하기 훨씬 전 이야기. 그러다 보니 노점에서 햄버거를 만든다는 게 생각처럼 쉽지 않았을 것이다. 당최 패티엔 뭘 넣어야 하며 모양은 또 어떻게 잡아야 하는지, 하나부터 열까지 시행착오의 연속이었다고. 재료도 그렇고 맛도 그렇고 이름만 햄버거지 실은 완전히 '야매'였겠지? 하지만 야매 무시하면 큰 코 다치는 법! 특유의 묘한 매력이 폴폴 풍기는 미스 리 버거는 미군들 사이에서 순식간에 인기를 끌게 되었단다. 이 집 햄버거는 일단 크고 푸짐한 게 매력인데, 어떤 걸 시키든 간에 계란 프라이 하나씩은 꼭 넣어준다. 처음엔 웬 계란이냐며 뜨악해하던 미군들도 어느새 그 맛에 익숙해져 이곳만의 독특한 개성으로 인정해주었다고. 남귤북지南橘北枳, 귤이 회수를 건너면 탱자가 된다지만 맛있으면 장땡. 그렇게 시작된 미스 리 햄버거는 서서히 부대 앞 명물로 자리매김하게 되어 2000년도엔 지금의 가게터를 얻어 번듯한 매장을 오픈했다. 사장님, 축하드려요! 그나저나 이 집의 역사를 어찌 그리 상세하게 알고 있느냐고? 실은 가게 벽에 신문이며 잡지에 실린 기사들이 잔뜩 붙어 있어, 주문한 햄버거를 기다리는 동안 하나하나 전부 읽어보았기 때문이다. 하하하.

어디 보자~. 메뉴는 크게 스페셜 버거, 일반 햄버거, 핫도그, 이렇게 세 종류로 나뉜다. 주재료, 즉 어떤 패티를 선택하느냐에 따라 스페셜은 7~8천 원대, 햄버거는 3~5천 원대다. 스페셜은 뭐가 특별하기에 스페셜인가 하니 패티 외에도 햄과 치즈, 소시지에다 양상추와 양배추가 듬뿍 들어가고 달걀 프라이도 두 장이나 넣어준다. 한마디로 2인분 사이즈! 아마 이걸 처음 보면 다들 어이가 없어 웃음이 실실 나올 것이다. 은색 쿠킹 포일에 싸인 이 거대한 물체는 대체 뭐지? 하늘에서 떨어진 운석인가? 하지만 그 속엔 거대하면서도 소박한, 귀엽기까지 한 버거가 들어 있다. 요즘 뜬다는 비싼 '수제' 버거집의 황송하다 싶을 만치 럭셔리한 햄버거와는 달리 미스 리 햄버거의 스페셜 버거는 마치 엄마가 애들 배부르게 먹이려고 냉장고에 있는 것 다 꺼내서 꾸역꾸역 집어넣어 만들어준 듯한 모양새다. 세련된 맛은 덜하지만 엄마의 마음만큼은 확 와닿는 그런 느낌. 보는 순간 호감이 간다. 물론 손님 입장에선 이 햄버거 하나의 원가와 마진은 얼마인지, 주인의 장사 철학은 무엇인지 알 수

두둥! 스페셜 버거의 위용!

없지만 그래도 일단 음식을 받아드는 순간 기분이 좋아지니 그걸로 충분하다.

그나저나 이걸 먹긴 먹어야겠는데 당최 한입에 우겨넣을 두께가 아니니 어찌한다? 매의 눈으로 가늠해보니 12센티미터는 충분히 넘겠구만. 계속 요리조리 사진만 찍다가(사진을 찍지 않을 수 없게 생겼습니다. 정말로) 드디어 큰 결심을 하고 도전. 스페셜 버거를 주문하면 비닐 위생장갑을 함께 내준다. 어차피 한 번에 왕 하고 베어 먹긴 거의 불가능하니 장갑을 끼고 적당히 분리해 먹으라는 얘기. 결국 손에 소스 잔뜩 묻혀가며 일단 절반을 먹어치웠다. 절반이라고는 하지만 어지간한 햄버거 한 개, 아니 세트 메뉴 하나를 다 먹은 듯한 포만감이다. 좋아좋아! 스페셜이 아닌 일반 햄버거 역시 두께가 대략 7센티미터가량 되니 절대 만만치 않다. 채 썬 양배추가 듬뿍 들어 있어 아작아작 씹는 맛까지 좋다. 역시 세련되었다기보단 왠지 그리운 맛이다. 와인으로 치자면 할머니가 집에서 담그신 달달한 포도주 같은 맛이랄까?

대만족! 흐뭇하게 웃으며 밖으로 나왔다. 슥 둘러보니 사방에 영어가 가득한 게 미군부대 주변이 맞긴 맞구나. 피어싱과 문신 전문가게는 물론이고 부동산 이름조차 '아메리카'나 '월드'라는 식이다. 어느새 잘 나가는 명소가 된 이태원과 달리 이곳 평택 미군부대 주변은 여전히 옛 기지촌의 모습을 유지하고 있다. 조금은 촌스럽지만 그게 이 지역에 특별한 개성을 더해준다. 모두가 세련되게 쫙 빼 입을 필요는 없잖아.

부대 정문 건너편엔 신장 쇼핑몰의 입구가 있다. 쇼핑몰이라지만 커다란 백화점 같은 건물이 아니라 요 앞의 기다란 상점가를 그렇게 부르는 것이다. 1997년, 평택시에서 이곳 신장동 일대를 관광특구로 지정한 후 이듬해인 1998년엔 미군부대 앞에서부터 근처 철로변까지 이어지는 275미터 길이의 보행자 전용도로를 조성했다. 그게 바로 신장 쇼핑몰이다. 거리 초입의 미용실 간판부터 어째 두근두근하다. '밀리터리 헤어컷'이라는 게 단돈 6달러. 번역하면 군인 머리니 한마디로 말해 스포츠로 박박 밀어준다는 얘기구만. 레게 파마라든가 드레드 파마 등 흔치 않은 헤어스타일도 만들어준다니 괜히 설레는데? 거리 양옆엔 크고 작은 상점들이 가득하고 길 가운데엔 노점들이 줄지어 서 있는데 상점과 노점 모두 영어 간판은 기본이다. 그 사이사이 팩킹 packing이라고 쓰인 간판을 세워놓고 손님을 기다리는 노인들이 있다. 상점에서 물건을 구입해 본국으로 보내는 미군을 대상으로 포장을 해주고 돈을 받는 것이다. 종이박스라든가 테이프, 칼 등의 포장도구들이 눈에 띈다. 그런데

▲ '아메리카' 부동산. 이곳 사장님은 영어도 잘하시겠죠?
◀ 빡빡머리 전문 미용실, 단돈 6달러!
▶ 문신과 피어싱 가게도 곳곳에 눈에 띈다.

거리의 노점들도 물론 영어는 필수.

기념품 가게들이 꽤 많지만 한국 물건뿐 아니라 일본, 중국 등 여러 아시아 국가의 분위기가 이리저리 섞여 있다. 말하자면 동양적인 느낌을 잔뜩 그러모아 섞어놓은 짬뽕이랄까? 우리나라만의 특색이 반짝반짝 살아 있는 상품들이 더 많다면 좋을 텐데.

머리 위에 큼직한 현수막이 걸려 있기에 올려다보니 쓰레기봉투 사용 관련 안내문이다. 어김없이 한글과 영어의 이중 표기다. 이태원 무슬림 거리에선 같은 내용의 경고문이 한글과 영어, 그리고 아랍어로 쓰여 있었지. 외국의 코리아타운엔 이런 것들이 아마도 한글로 쓰여 있지 않을까? 한편 낯익은 간판들도 보인다. 맥도날드 햄버거와 배스킨라빈스 아이스크림이다. 흔하디흔한

◀ 기모노와 한복을 함께 파는 기념품 가게.
▶ 길거리 포장 코너. 나름 틈새시장이랄까.

곳이지만 대부분의 손님들이 미국인이라 왠지 느낌이 색다르다. 20년쯤 전의 이태원이 그랬듯이 이 주변에서 만나는 외국인은 거의 다 미국인들이다.

신장 쇼핑몰 거리가 끝나갈 무렵 옆골목으로 살짝 꺾어 들어가면 '평택 국제중앙시장'이 금세 나온다. 일명 헬로 시장. 귀여운 이름이다. 1958년 미군 기지가 생기면서 자연스레 시장도 함께 형성되었다고. 60여 년의 긴 역사다. 미군들에게 헬로~라고 인사하며 호객하던 그때 그 시절부터 지금까지 이곳은 헬로 시장이라고 불려왔다. 여타의 전통시장들과 달리 처음부터 주한미군을 대상으로 시작된 곳이라는 확실한 개성이 있는데, 지금까지도 그 특성을 잘 살려 운영되고 있어 2012년에는 중소기업청이 지정한 국제 명소 시장이 되었다. 평택 기지촌의 최대 호황기였던 6, 70년대엔 헬로 시장 역시 무척 잘 나갔었단다. 우리나라의 경제 사정이 좋지 못하던 시기라 상대적으로 달러의 위력이 막강해 미군들이 있는 곳이 곧 돈을 벌 장소였다고. 일단 기지 주변에서 기회를 찾다 보면 어떻게든 일자리를 얻을 수 있었고 거기에 영어라도

시장 입구의 산뜻한 입간판. Hello!

좀 할 줄 안다면 금상첨화. 알음알음으로 미군부대 물건을 빼돌려 파는 사람도 많았다. 이 '미제 물건'이 어찌나 인기가 있었는지 전문으로 파는 가게도 있었을 정도다. 아이들은 라이프 세이버 사탕과 허쉬 초콜릿에 열광했고 어른들은 미제 깡통 커피와 스팸, 화장품과 치약 같은 생필품을 반겼다. 어쨌든 그렇게 한국인은 돈을 벌기 위해, 미군들은 놀기 위해 이곳으로 모여들었다. 심지어 오키나와, 필리핀 등에 주둔하던 미군들까지도 휴가를 얻어 놀러 올 정도였다니 대단한걸? 70년대 말, 서서히 침체기에 들어서면서 분위기가 많이 바뀌었지만.

◀ 다양한 행사가 열리는 복합 문화공간 살롱 엠
▶ 헬로 시장과 신장 쇼핑몰이 한눈에! 무료 지도를 받아가세요~.

그나저나 어라, 이곳 헬로 시장은 이름만 귀여운 게 아닌데? 헬로hello라는 영어 단어를 이용해 로고를 만들고 밝은 분홍색과 하늘색 등 몇 가지 화사한 색깔을 활용해 시장을 밝고 보기 좋게 꾸며놓았다. 시장통 한켠은 '푸드 트레인'이라는 이름 아래 여러 나라의 음식을 파는 노점이 운영되고 있어 흥미진진하다. 이름에 걸맞게 열차 차장 의상에다 콧수염까지 달고 분위기를 돋우는 진행요원도 있다. 다들 젊고 재기발랄하다. 젊은 피와 전통시장의 만남이랄까? 음식 종류도 다양하다. 멕시코의 타코, 미국의 햄버거, 우리나라의 부대찌개 등등. 갑자기 웬 부대찌개냐고? 평택 헬로 시장은 부대찌개라는 음식이 처음 만들어진 곳으로도 유명하다. 한국전쟁 휴전협정 얼마 후 미국 존슨 대통령이 이곳 미군기지를 방문했는데 헬로 시장의 한 식당 주인이 미군 부대의 식재료들을 이용해 실험적으로 만들어 대접한 음식이 바로 부대찌개

였다나. 반응도 무척 좋아 대통령의 이름을 따 '존
슨탕'이라는 별명도 생겼단다. 믿거나 말거나지
만. 김치와 떡, 대파, 두부, 돼지고기 간 것, 우동면
과 라면사리 등 재료야 원하는 대로 마음껏 넣으
면 되지만 미군부대에서 빼돌린 굵직한 소시지와
짭조름한 스팸, 깡통에 든 베이크드 빈스가 빠지
면 제대로 된 맛이 나지 않는다는 게 부대찌개 불
변의 법칙! 물론 지금이야 그런 것들을 어디서든
쉽게 구할 수 있지만 말이다. 재료가 준비되었다
면 조리하는 건 어렵지 않다. 널찍한 냄비에 온갖

▲ 시장 안의 또 다른 시장, 푸드 트레인으로 들어가 볼까나?
◀ 화사한 핑크색의 노점들. 세계의 간식거리를 맛볼 기회.
▶ 푸드 트레인의 차장님. 제복이 멋진데요.

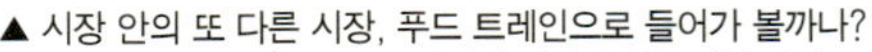

재료들을 그야말로 팍팍 때려넣고 버글버글 끓이다 우선 라면사리가 꼬들하게 익었구나 싶으면 통통 불기 전에 부지런히 후룩후룩 건져 먹은 다음 소시지와 스팸 등의 건더기를 맛있게 먹으면 된다. 국물이 자작자작하게 졸아들면 밥을 넣고 썩썩 비벼서 마무리.

생각만 해도 군침이 돌고 배에선 꼬르륵 소리가 난다. 이 멋진 음식 부대찌개의 발원지인 헬로 시장, 진정한 명승고적지라 부르고 싶구나! 어쨌든 이 푸드트레인 노점들은 주말 저녁이면 모두 큰길로 나와 야시장을 형성한다. 다국적 먹거리들과 벼룩시장이 함께하는 재미난 행사다. 전통시장이 이렇게도 상큼하게 변신할 수 있구나.

헬로 시장을 한 바퀴 돌고 다시 신장 쇼핑몰 거리로 돌아왔다. 아까 먹은 거대한 스페셜 햄버거 덕에 아직 속은 든든하지만 그래도 뭔가 더 먹고 싶어진다. '라 카사 델 멕시카노'La casa del Mexicano, 저기가 좋겠네. 멕시코인의 집이라는 뜻의 이름답게 맛 좋은 멕시코 음식을 먹을 수 있는 곳! 자리에 앉으면 튀긴 나초칩과 살사부터 내주는데, 바삭하고 고소한 옥수수 칩에다 새콤매콤한 소스를 얹어서 입에 넣고 와작와작 씹으니 내 의지와는 상관없이 입이 절로 맥주를 주문하게 된다. 아이 참, 어쩔 수 없네. 살사에서 풍기는 멕시코 음식 특유의 코리앤더 향기가 좋다. 따끈한 토르티야tortilla 수프와 파히타 fajita를 먹어볼까? 토르티야는 멕시코를 비롯해 중미 여러 나라에서 먹는 납작하고 둥그런 빵인데, 사실 밀전병에 더 가깝다. 고기와 채소, 쌀밥, 콩, 치즈 등을 입맛대로 넣어 팔뚝만하게 둘둘 말면 부리또burrito가 되고 재료들을 토

크게 한입! 따끈하고 맛 좋은 토르티야 수프.

르티야 위에 얇게 올려 편 다음 반으로 접어 납작하고 바삭하게 구우면 퀘사디야quesadilla가 된다.

그뿐인가, 만두피보다 조금 더 크게 만든 토르티야에 온갖 재료들을 올려 반으로 살살 접어 질질 흘리면서(이게 포인트다) 먹으면 타코가 되니 멕시코의 수많은 음식 가운데서도 우리에게 친근한 것들은 하나같이 토르티야와는 떼려야 뗄 수 없다. 이제 거기에 하나 더, 토르티야 수프도 추가다. 한 번 맛을 보면 두고두고 생각날 수프. 우선 두꺼운 냄비에 기름을 두르고 한입 크기로 썬 밀가루 토르티야와 양파, 마늘, 할라페뇨 고추 등을 넣고 볶다가 닭고기 육수를 부어 버글버글 끓인다. 커민을 살짝 넣어 향을 내기도 한다. 거기에 토마토와 쌀을 넣어 벌그죽죽한 색과 새큼한 맛을 더하고 마지막으로 치즈를 듬뿍 갈아 올리면 완성이다. 푸짐한 재료들이 들어가니 우선 든든하고 맛 또한 입에 착 붙는다. 국물은 뜨끈하지, 양은 넉넉하지, 구수하고 매콤한 게 끝내준다. 야, 이거 되게 맛있잖아? 멕시코 음식이래 봤자 패밀리 레스토랑 체인점에서만 먹어본 게 거의 전부라면 아마 이곳에선 신세계를 발견한 느낌을 받을 것이다.

토르티야에 이런저런 것을 넣어 각자 돌돌 말아 먹는 파히타도 맛있는데, 속 재료가 다양하다 보니 메뉴 개수도 여럿이라 그중 하나만 고르기가 아쉽다. 파히타는 멕시코와 미국 음식이 서로 영향을 주고받으며 탄생한 텍스-멕스Tex-Mex 음식의 대표주자다. 보통은 닭고기나 돼지고기, 쇠고기, 새우 등을 기본으로 달달하게 잘 볶은 양파와 피망, 아삭아삭한 양상추, 사워크

입맛대로, 느낌대로, 원하는 대로~ 돌돌 말아먹는 파히타의 맛.

림, 새콤매콤한 살사, 아보카도로 만든 고소한 과카몰리guacamole 등을 곁들
인다. 어떤 재료들을 어떻게 조합하느냐에 따라 메뉴의 이름이 달라지니 설
명을 잘 읽어보고 마음에 드는 것을 콕 찍으면 된다. 내 선택은 돼지고기와
콩. 지글지글 뜨겁게 달궈진 무쇠 팬 위에 돼지고기와 볶은 양파, 푹 삶아 으
깬 검은 콩(구수하다), 빨갛게 양념된 찰기 없는 길쭉한 쌀밥이 그득히 담겨져

나온다. 토르티야에 욕심껏 넣고 잘 말아 볼이 미어져라 한입! 맛있고 푸짐하고 가격마저 저렴하다.

이국적인 매력이 있는 그곳, 흥겹다 못해 조금은 껄렁껄렁하기도 한 그곳, 뭐니뭐니해도 맛있는 음식이 가득한 그곳 평택 미군부대. 재미난 곳이구나!

K-55 미 공군기지

대한민국 공군과 주한미군의 합동 기지로 미 공군에서 관리하고 있다. 정식 명칭은 오산공군기지다. 한국전쟁 중이던 1951년에 기지 설치가 결정되었고 이듬해인 1952년 조성되었다. 현재 미 대통령을 비롯한 주요 인물이 한국을 방문할 때 이 기지를 이용한다.

기지촌

군인 주둔지역을 중심으로 다양한 서비스 업소들이 모인 촌락을 말하는데, 현재는 미군기지 주변의 유흥가를 통칭하는 말로 사용된다. 동두천과 평택, 군산, 이태원 등에 있다. 경제적인 부분을 군 기지에 상당 부분 의존하기 때문에 주한미군의 감축 및 이전, 철수 등에 큰 영향을 받는다.

내 생애 첫 미국 음식
가보자! 가보자!!!
응! 응! 가자가자!!
수능 끝나고 친구들이랑 난생처음 패밀리 레스토랑 고고고~
수프 대박!
이게 뭐여? 퀘사디아??
빵이 공짜라니...
크림소스 파스타도 첨 먹어봄
맛나 ♥
오오... 브라우니...
여... 여... 여긴 천국이야!!!!
그게 벌써 20년 전 얘기랍니다 ㅋㅋㅋㅋㅋㅋㅋ
<미국 음식> 이라는 걸
그때 첨으로 먹어본듯~
까마득하구만

평택 미군부대 앞거리, 어떻게 찾아갈까?

지하철 1호선 송탄역 근처 K-55 미군부대 정문 주변 일대.

볼 것, 먹을 것

• 신장 쇼핑몰

K-55 미군부대 정문 건너편 상점가. '신장 쇼핑몰'이라고 쓰인 입구로 들어가면 된다.

• 평택 국제 중앙시장(헬로 시장)

http://blog.naver.com/ptmarket
경기 평택시 중앙시장로 25번길 11-4. 신장 쇼핑몰 거리로 쭉 직진하다 농협은행 건너편 골목
으로 들어간다. 야시장 개최 일정은 홈페이지 참고.

• 미스 리 햄버거

http://misslee.or.kr
경기 평택시 국제로 124. K-55 미군부대 정문 주변. 시티은행 맞은편 위치. 여러 종류의 스페셜 버거에 도전해보자. 텅 빈 위장, 기념 촬영 준비는 필수!

• 라 카사 델 멕시카노

경기도 평택시 신장동 315-8. 신장 쇼핑몰 거리, 영천관광호텔 옆 배스킨라빈스 매장 맞은편 2층. 토르티야 수프와 파히타, 타코 샐러드 등 뭘 먹어도 맛있는 곳. 파히타는 들어가는 재료에 따라 종류가 다양하니 메뉴판을 잘 보고 고르자.

인천 Incheon

인천 차이나타운에 놀러간다고 말씀드리면 부모님은 항상 반색하며 공갈빵이랑 만두 좀 사오라신다. '우리 땐 말이야, 용돈이 생겼다 하면 중국 사람들이 하는 빵집에 가서 공갈빵, 꽈배기를 사 먹었거든. 요즘 거랑은 맛이 달랐어, 맛이!' 지금이야 널린 게 빵집이고 널린 게 중식당이지만 부모님 젊을 적 드셨던 것과는 많이 다르다는 말씀이다. 모두 화교가 직접 요리하고 운영하는 곳이었고 가게마다 개성도 뚜렷했단다. 하긴, 화교의 경제활동을 제한하고 한국인에게 중식당 경영 허가를 적극적으로 내주기 시작하면서 식당의 수는 엄청나게 늘었지만 안타깝게도 맛은 스리슬쩍 하향평준화되었으니까.

달콤 쫄깃한 전주나이차

노릇노릇 군만두

보름달을 닮은 월병

짜장면과 탕수육, 그 이상 – 인천 차이나타운

인천 차이나타운에 놀러간다고 말씀드리면 부모님은 항상 반색하며 공갈빵이랑 만두 좀 사오라신다. '우리 땐 말이야, 용돈이 생겼다 하면 중국 사람들이 하는 빵집에 가서 공갈빵, 꽈배기를 사 먹었거든. 요즘 거랑은 맛이 달랐어, 맛이!' 지금이야 널린 게 빵집이고 널린 게 중식당이지만 부모님 젊을 적 드셨던 것과는 많이 다르다는 말씀이다. 모두 화교가 직접 요리하고 운영하는 곳이었고 가게마다 개성도 뚜렷했단다. 하긴, 화교의 경제활동을 제한하고 한국인에게 중식당 경영 허가를 적극적으로 내주기 시작하면서 식당의 수는 엄청나게 늘었지만 안타깝게도 맛은 스리슬쩍 하향평준화되었으니까. 동네의 고만고만한 중식당에선 대부분 뻔한 모양, 뻔한 맛의 공장제 탕수육과 군만두를 내놓고 소스에는 조미료를 냅다 부어넣고들 있으니 말이다. 부모님께서 그리워하는 그때 그 맛은 대체 어땠을까 무척 궁금해진다. 타임머신은 언제쯤 나오려는지 원.

자, 인천으로 가볼까? 지하철로 왔다면 1호선 종착역인 인천역에서 내리면 되고, 운전을 했다면 차이나타운 공영 주차장에 주차하면 된다. 그런 다음 어떻게 찾아가느냐, 지하철 역 밖이든 주차장 밖이든 일단 그냥 나오기만 하면

차이나타운 얼굴마담은 역시 공갈빵!

얘기 끝이다. 뻘겋고 둥그런 홍등이 주렁주렁, 거리엔 번쩍이는 용 조각이 꿈틀꿈틀! 이거야 원 못 보고 지나칠래야 지나칠 수가 없는, 누가 봐도 '나 차이나타운이오~' 하고 있는 동네다. 거리 입구에서부터 공갈빵과 월병을 잔뜩 내놓고 파는 가게들 천지다. 어릴 적 공갈빵이라는 것을 처음 먹어봤을 때 느꼈던 배신감이 오랜만에 솔솔 피어오른다. 당연히 속이 꽉 찼겠지 하며 덥석 집어 든 빵이 손아귀 힘에 파사삭 부서지고 말았던 아픈 기억……이라고는 하지만 빵 안쪽에 발린 달콤한 흑설탕 시럽의 맛에 헤헤거리며 맛있게 잘만 먹었지 뭐. 어쨌든 그저 중식당 몇 곳, 중국 잡화점 한 곳 정도가 전부였던 인천 차이나타운, 이젠 헉 소리 나게 변했다. 돌아다니며 구경할 맛이 나네!

공영 주차장 근처의 한중문화관 문을 조심스레 열고 들어가니 안내소 직원

멋드러진 한중문화관.
입구에서 황금용을 찾아주세요~

이 친절하게 맞아준다. 본격적으로 차이나타운을 구경하기 전에 무료 지도도 얻고 길 설명도 들을 참이다. 한중문화관은 2005년 4월에 문을 연 이후 주말 상설 공연과 중국어 교실, 한국어 교실 등 여러 행사들을 꾸준히 기획, 실행하고 있는데 정기적으로 무료 경극 공연 등의 문화 행사가 열리고 중국 전통 의상 체험도 가능하니 빼놓으면 섭섭한 곳.

그럼 슬슬 거리 구경을 해볼까나? 홍등이 주렁주렁 달린 2층짜리 건물이 눈에 확 들어온다. 화사한 청록색의 난간과 새빨간 홍등이라니 엄청난 보색 대비다. 대체 누구 작품이래? 바로 청나라 상인들 작품으로, 무려 1925년에 지은 건물이란다. 1층은 상점과 식당, 2층은 주거 용도로 사용한 나름 시대를 앞서간 주상복합이라고. 물론 지금도 상업과 주거, 동시에 두 가지 용도로 쓰인다.

거리 곳곳의 잡화점을 구경하는 재미도 쏠쏠하다. 금박으로 화려하게 장식한 중국 전통 의상과 인형, 얼핏 봐도 독해 보이는 술, 아기자기한 도자기 등 욕심나는 물건이 많다. 가격도 생각보다 비싸지 않아 지갑이 쉽게 열린다. 사실

◀ 어휴, 이거 독하겠지? 다양한 중국 술들.
▶ 싸다 싸! 숟가락 한 개 500원부터 시작!

215

고급스럽다고는 하기 어려운 물건들이지만 나름의 매력이 가득. 색깔도 무늬도 화려해 거리 분위기까지 확 살려준다. 그러고 보니 가로등도 중국풍, 심지어 세탁소 간판마저도 묘하게 중국풍이네.

잡화 종류만 다양할까, 먹거리는 더 엄청나다. 달큰하고 기분 좋은 향기가 난다 싶으면 어김없이 중국 과자점이다. 서울 시내엔 월병을 사 먹을 만한 곳이 두어 군데뿐이라 아쉬웠는데 이제 보니 여기 다들 모여 있었네. 보름달을 닮은 둥그런 월병은 중국의 중추절, 즉 추석에 먹는 과자다. 종류가 다양하고 맛도 좋으니 마음 같아선 1년 365일 내내 먹고 싶다는 게 문제다. 살이 포동포동 찌겠지. 제법 규모가 큰 과자점에 들어가 본다. 입구에 깔린 매트엔 환영한다는 뜻의 중국어인 환잉꽝린歡迎光臨이 크게 새겨져 있다. 역시 차이나타운이구나. 말린 과일과 견과류, 대추 등 여러 재료가 가득 들어간 다양한 월병들, 왠지 주

216

그냥 지나치기 힘든 월병의 자태. 가슴이 마구 설레는구나~.

▲ 100년 노점 복래춘.
보물을 품고 있을 것만 같다.
▶ 한 개만 먹어도 든든해지는
알차고 맛 좋은 월병. 최고예요!

먹으로 한 대씩 통통 때려주고 싶게 생긴 공갈빵들 사이 펑리수도 눈에 띈
다. 파인애플 과육으로 만든 잼을 넣어 구운 네모 벽돌 모양의 자그마한 황
금색 케이크다. 대만을 대표하는 과자로 매년 정부에서 펑리수 경연대회까
지 개최할 정도로 그 위상이 높다. 중국의 영향을 크게 받은 수많은 먹거리
들 사이에서 반짝반짝 빛나는, 몇 안 되는 대만 고유의 빵이다. 여행이나 출
장을 다녀오는 길엔 으레 한아름 사 들고 오게 되는 인기만발 기념품이기도
하다. 대만은 아열대 기후라 파인애플 생산량이 어마어마한데, 정부에서 요
넘치는 파인애플을 가지고 뭔가 괜찮은 상품을 만들만한 것이 없을까 고민
하다 개발한 것이 바로 펑리수란다. 그게 1970년대의 일로 당시 세계 제2위
의 파인애플 수출국이었다니 그렇게 적극적으로 상품 개발을 할 만도 했겠
다 싶다. 대만 여행 중 유명하다는 펑리수 전문점을 찾았는데 이른 아침이
었는데도 불구하고 나이 든 어르신들부터 젊은 사람들까지 양손 가득 쇼핑
백을 들고 나오는 모습에 깜짝 놀랐다. 그런데 맛을 보고는 한 번 더 깜짝.
정말이지 무척 맛있었다. 유통기한이 짧아 욕심껏 잔뜩 사오지 못해 아쉬웠
는데 인천에서 다시 만나니 반갑기 그지없다.

차이나타운 큰길의 과자집들은 고만고만한 역사와 비슷한 맛을 가지고 있
지만 골목 안쪽으로 조금만 들어가면 여타 과자집들의 기를 확 죽이는 진
정한 노포가 있다. 100년 가까운 긴 시간 동안 4대가 쭉 이어오며 과자를
만들어온 차이나타운의 터줏대감 '복래춘'이다. 화려하고 북적이는 큰길에
서 살짝 벗어난 골목 안쪽 언덕 위에 있어 주변은 아무래도 조용한 편이다.

◀ 입간판에 '짜장면 없습니다'라는 문구가 보인다.
▶ 끊임없이 손님이 들며 나는 원보.
▼ 노릇노릇 군만두. 순식간에 한 접시 뚝딱!

이야, 초콜릿 공장에 온 찰리의 심정이 이럴까? 큼직, 묵직, 듬직해 보이는

월병들이 아담한 가게 안에 가득하니 보기만 해도 배가 부르다……는 것은

거짓말. 먹어야 배가 부르지! 월병 진열대마다 안에 들어간 재료가 무엇인

지 일일이 손으로 써 붙여놓아 고르기 한결 쉽다. 시부모님이 하던 일을 물려받아 35년 넘게 자리를 지키고 있다는 주인아주머니의 작품이다. 35년이라는 숫자에 놀라 한숨을 쉬자 아주머니가 웃는다. '뭘, 대대로 물려받으면 다 그런 거지.' 인천 토박이로, 심지어 결혼식과 피로연까지도 차이나타운의 유명한 중국 식당인 '공화춘'에서 했다니 그야말로 이 지역 역사의 산 증인이다.

가방 속에 월병을 잘 챙겨넣고 슬슬 점심 먹을 궁리를 한다. 먹을 게 지천에 널린 곳이 차이나타운이니 잘 고르기만 하면 되는데, 아시잖아요, 잘 고르는 게 제일로 어렵다는 걸. 그래, 오늘은 만두다! 만두 전문 식당 '원보'의 문에는 '짜장면 없습니다'라는 문구가 붙어 있다. 얼마나 많은 사람들이 짜장면을 찾았기에 아예 공지까지 써 붙였을까? 참고로 짬뽕도 없다는 사실. 왕만두와 물만두, 찐만두와 군만두, 만둣국 등 단출하지만 탄탄한 몇 가지 메뉴만으로 승부를 보는 곳이다. 오향장육과 산동소계, 해물탕 등도 있지만 원보에서는 뭐니뭐니해도 만두가 최고. 따뜻하고 향기로운 재스민차를 홀짝홀짝 마시고 있으니 주문한 만두들이 차례로 테이블 위에 도착한다. 어른 주먹만큼 큼직한, 그야말로 '왕'만두 안에는 배추와 돼지고기, 버섯, 당면 등의 소가 들었는데 굵직굵직하게 썰어 넣어 씹는 맛이 좋고 간간한 게 두툼한 만두피와 잘 맞는다. 뿐만 아니라 보들보들하고 보송보송한, 맛 좋은 만두피다. 이런 거라면 한 판 정도는 순식간에 먹어치울 수 있지.

군만두도 만만치 않다. 기름을 넉넉히 두르고 노릇노릇하게 지진 거라 바닥은 바삭바삭, 윗면은 쫄깃쫄깃하다. 언제부턴가 군만두라는 음식은 그저 동네 중국집의 서비스 메뉴 취급이나 받게 되었지만 사실은 이렇게 맛있는 음식인걸. 공장에서 대량생산한 것과는 차원이 다른, 고소하고 바삭하며 동시에 쫄깃한 맛! 다진 마늘이랑 식초가 들어간 맑은 소스에 콕 찍어 먹으니 딱 좋다. 나름 원보만의 비법 소스라는데, 새콤하고 살짝 단맛도 돈다.

좋아, 좋아! 이 여세를 몰아 '루나씨 키친' 카페로 달려간다. '전주나이차', 일명 버블티는 대만에서 흔히 마시는 음료로 전주는 진주 구슬을, 나이차는 밀크티를 뜻한다. 대만에선 오래 전부터 설탕을 탄 홍차를 잘 흔들어 거품을 가득 낸 것을 버블티라고 부르며 마셔왔다는데 1980년대 후반 한 작은 카페에서 여기에 우유와 타피오카 경단을 넣어 팔기 시작해 어마어마한 대박을 터트렸단다. 대만 전국은 물론 세계적으로도 대히트를 쳐, 이제는 전주나이차라는 어려운 한자 이름 대신 으레 버블티로 불리게 되었다고. 주객이 전도된 셈이랄까? 크고 작은 카페는 물론이고 대

루나씨 키친 입구. 아담하고 포근한 공간.

만의 명물 야시장에도 쩐 주나이차 전문 노점은 절 대 빠지지 않을 정도다. 대 만 배낭여행 중 손짓발짓 으로 물어물어 기어이 원 조집이라는 춘슈이탕春水堂 을 방문했는데 1리터쯤 되 는 거대한 컵 가득 전주나 이차를 채워주기에 열심히 꿀꺽꿀꺽 마시고 질겅질겅 씹었더랬다. 굵직한 빨대 를 꽂아 쭉 빨아들이면 경

달달 쫄깃한 전주나이차. 요거 매력 있어요.

단이 입안으로 하나둘씩 퐁퐁 밀려 올라온다. 대만에서는 밀크티 외에도 녹 차맛 우유라든가 코코닛 밀크, 타로(토란과 비슷한 뿌리채소) 등 다양한 맛의 음료에도 요 자그맣고 쫄깃한 타피오카 경단을 넣는다. 실로 중독성 강한 맛. 이젠 우 리나라에서도 인기몰이를 하고 있다. 오물오물, 쫄깃쫄깃, 멈출 수가 없네~.

이번엔 짜장면 박물관에 가볼까나? 다른 것도 아닌 짜장면이라니, 차이나타 운다운 박물관이다. 1905년경 산둥성에서 건너온 중국 상인이 이곳에 멋들 어진 건물을 짓고 고향의 이름을 따서 산둥회관이라는 간판을 달아 청요릿 집 겸 여관을 시작했단다. 그러다 이름을 공화춘共和春으로 바꾸었다고. 잠깐,

짜장면 박물관 입구. 공화춘 간판이 달려 있다.

공화춘? 맞다. 그 유명한 원조 짜장면집 공화춘이다. 당시엔 굉장히 잘 나가던, 한마디로 알아주는 고급 식당이었던지라 여유 있는 사람들은 이곳에서 결혼식도 올렸단다. 지금으로 치면 럭셔리한 호텔 결혼식쯤 되겠네. 짜장면 박물관은 바로 그 긴 역사의 공화춘 건물을 말끔하게 수리해 개관한 곳이다. 입장료는 단돈 천 원. 짜장면과 함께한 세월을 생각하면 들어가 보지 않을 수 없다. 중국의 짜지앙미엔에서 유래된 음식이라고는 하지만 긴 시간 동안 우리의 재료와 손맛이 더해져 입에 딱 맞게 변했으니 이쯤 되면 그냥 우리나라 음식이라 부르고 싶다. 종류는 또 어찌나 다양한지, 면 따로 소스 따로 담아주는 럭셔리한 간짜장과 찐 감자가 들어 있어 구수한 옛날짜장, 재료들을 몽

졸업식 날 가족 외식. 짜장면에 탕수육이면 게임 끝이었던 시절. 그립구나~.

땅 가늘게 채쳐 볶은 유슬짜장이나 잘게 다져 볶은 유니짜장, 해산물이 듬뿍 든 삼선짜장, 둘이서 머리 맞대고 나눠 먹기 좋은 쟁반짜장, 그리고 제일 좋아하는 '그냥' 짜장면까지 모두 어렴풋한 어린 시절부터 먹어온 음식이니 말이다. 잠깐, 지금까지 내가 먹은 짜장면은 총 몇 그릇이나 될까?

박물관 내부 곳곳엔 옛 중식당의 모습들을 재현해놓았는데 특히 졸업장을 넣은 길다란 통과 꽃다발을 테이블 위에 올려놓고서 온 가족이 짜장면으로 외식을 하는 졸업식 날 풍경엔 웃음이 절로 난다. 무척 익숙하고 그리운 모습이다. 그러고 보면 어릴 적 가족 외식은 으레 중국 음식이었다. 식구 수별로 짜장면이나 짬뽕을 시키고 거기에 탕수육 하나 추가하면 최고. 낡은 배달 자전거며 녹슨 철가방 등 추억의 물건들을 보니 왠지 마음이 짜르르하다. 아이부터 어르신까지, 나이에 상관없이 누구나 짜장면에 얽힌 추억이 있을 것이다. 내 첫 짜장면은 언제였지? 초등학생, 아니 국민학생 때 한 달에 한 번 반상회 날이 되면 으레 고등학생 언니나 오빠가 꼬맹이들을 인솔

225

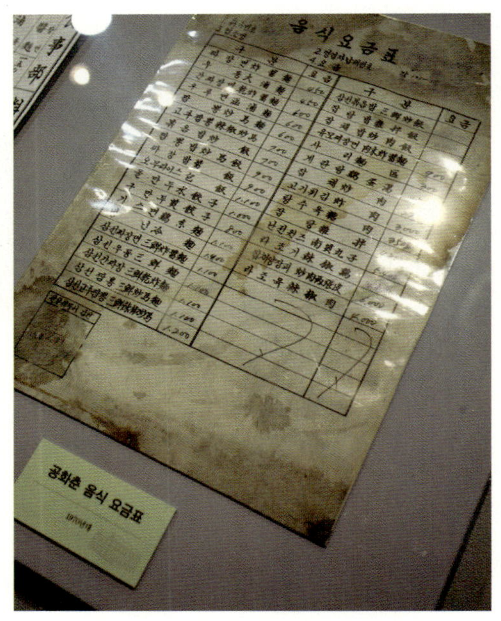

어디 보자, 그 시절엔 한 그릇에 얼마였지?

해 동네 중국집으로 데려가 짜장면을 한 그릇씩 시켜주곤 했었다. 시끄러운 애들은 일단 내보내 놓고 어른들끼리 회의를 하는 것이다. 그때 먹은 짜장 면이 정말이지 맛있었는데, 얼마였더라? 정확히 기억나지는 않지만 천 원은 넘지 않았을 것이다. 요즘이야 모든 게 다 올랐으니 짜장면 값도 따라서 쭈 욱 올랐지만.

박물관을 구경하는 김에 학구적으로다가 역사 공부도 좀 해볼까나? 인천 차이나타운이 언제쯤 어떤 연유로 형성되었는지 알아보려면 에헴, 우선 시 대를 쭉 거슬러 1882년으로 돌아가야 한다. 조선의 하급 군사들과 빈민층이 불평등한 대우를 참지 못해 임오군란을 일으켰던 시기다. 그러자 반란군의 진압을 돕겠다는 명목으로 청나라 군대가 인천항을 통해 입국했는데 군인들뿐 아니라 40명가량의 상인들도 함께 들어왔다. 웬 상인? 군인 막사 옆에서 음식이며 생필품 장사를 하기 위해서다. 2년 후인 1884년엔 지금의 차이나타운인 인천 선린동에 아예 청나라 영사관과 조계지가 생겼고 상인들도 얼씨구나 자리를 잡고 본격적으로 장사를 시작했다. 그게 꽤 쏠쏠했는지 소문을 들은 본토 사람들이 뒤를 이어 하나둘씩 몰려오기 시작했다고. 지금이야 화교의 사업 하면 으레 중국 음식점을 떠올리지만 그 시작은 대부분 무역업이었는데 중국에선 식료품과 생활용품, 비단과 광목천 등을 수입해 들여오는 한편 국내의 사금을 채취해 중국으로 수출했다. 수입한 물건들은 당시 우리나라로선 상당히 럭셔리한 명품들인지라 이득을 많이 보았다고. 돈을 잔뜩 벌었으니, 그럼 다음 순서는? 그야 당연히 떵떵거리고 살 차례! 본국의 목수며 미장공 등 건축 기술자들을 대거 불러다 멋진 중국식 저택을 짓기 시작했단다. 40명이었던 청나라 상인의 수가 1800년대 후반엔 무려 천 명이 넘었다니 몇 년 사이 엄청나게 세를 불린 셈이다. 게다가 1898년, 북청사변이 일어나 산둥성 일대가 전투로 쑥대밭이 되자 다수의 주민들이 인접한 인천항을 통해 피난을 오는 바람에 중국인의 수가 기하급수적으로 늘어나기도 했단다. 하이고, 그러니 당시 이곳이 얼마나 잘나가던 동네였을지는 보지 않아도 알 수 있겠다. 최신 기술, 앞선 유행, 오빠 산둥 스타일! 게다가 양파, 당근 등 그전까지 국내에 없던 새로운 채소

종자들을 들여와 온 나라에 퍼트렸으니 생각하면 할수록 화교의 영향력은 대단하다.

하지만 좋은 시절도 언젠가는 끝이 나는 법. 청일전쟁의 패배로 본국 청나라의 힘이 스르륵 약해지면서 화교들 역시 서서히 힘을 잃어갔고 이후 6.25 한국전쟁에서 결정적 한 방을 맞고 말았다. 바로 인천상륙작전이다. 엄청난 폭격을 받아 으리번쩍한 중국식 저택과 화려한 상점들이 모두 와르르 박살나고 말았던 것. 만약 잘 보존되었다면 지금쯤 굉장한 볼거리일 텐데 아쉽다. 더불어 정부에서는 화교를 비롯한 외국인 압박 정책을 펼쳤다. 중국인들은 관습상 현금을 집 안에 쌓아두는 경우가 대부분이었는데 정부에서 화폐 개혁을 단행해 그때까지 보유 중이던 현금의 가치를 아주 낮게 떨어트린 것이다. 어휴, 엄청난 타격! 한편 중국 또한 청나라 시대를 마감하고 1949년 중화인민공화국 정부를 수립했는데, 자국민의 외국 이민은 물론 해외에 거주 중인 화교들의 재입국 역시 매우 어려운 폐쇄 정책을 펼쳐 국내의 화교들은 점점 고립되어갔다.

그렇게 화려했던 차이나타운도 안타깝게 잊히고 마는 것인가 했는데 2000년대 초 인천시에서 이 지역을 관광특구로 육성할 계획을 세우면서 회생을 꿈꾸게 되었다. 우여곡절이 많았지만 10여 년이 지난 지금은 볼거리, 먹거리 가득한 흥미진진한 곳이 되었으니, 완전 성공!

그나저나 아까 먹은 만두는 대체 어디로 간 것인지 여전히 배가 고프다. 홍등이 주렁주렁 매달린 중식당에 들어가 달콤, 바삭, 쫄깃한 탕수육도 한 접시

다 구워졌네!
옹기병을 하나씩 떼어내는 직원.

먹고 나왔지만 여전히 좀 아쉬운걸. 사람들이 제일로 길게 줄 서 있는 가게 앞으로 슬금슬금 다가가 본다. 옹기병 전문점인 '십리향'이다. 둥그렇고 속이 깊은 옹기 항아리 안쪽에다 어린아이 주먹만한 만두를 찰싹 붙여서 12분가량 노릇하게 구워내는 거라 옹기병이라는 이름이 붙었단다. 가게 점원과 주인 모두 카메라에 무척 호의적인데, 적극적으로 옹기 항아리 안까지 보여준다. 단호박과 고구마가 든 것, 고기가 든 것 등 몇 가지 종류가 있어 그중 두

개를 골라 후후 불어 조심조심 한입 깨물었다. 엇, 뜨거!

같은 차이나타운이래도 가리봉동이나 동대문 등의 연변 거리는 이곳에 비해선 약간은 배타적인 느낌이다. 불법 체류자 문제 때문인지 카메라를 경계하는 사람도 많아 조심스러워지곤 하는데 이곳 인천 차이나타운의 상인들은 밝고 활발하게, 적극적으로 호객을 한다는 차이가 있다. 그나저나 이 옹기병, 갓 구운 거라 뜨겁고 바삭한 게 맛있네. 하나 더 먹을까?

인천 차이나타운

1882년 임오군란 당시 청나라 군인과 함께 온 40여 명의 상인들이 인천 선린동 일대에 정착하면서 시작되었다. 1884년 청나라 조계지가 생기면서 치외법권 지대가 된 이후 규모와 세력이 급속히 커졌다. 이후 중화인민공화국의 설립과 우리나라의 화교 억압 정책 등으로 부침을 겪다 인천시에서 이 지역을 관광특구로 지정한 이후 제2의 도약기를 맞이하였다.

짜장면

1905년, 중국의 짜지앙미엔이 인천항을 통해 국내에 들어온 것이 시초다. 1950년대 중반 기존의 되직하고 짠 소스에 캐러멜을 첨가한 한국식 춘장이 개발되면서 짜지앙미엔과는 다른 짜장면이 탄생하였다.

찻잔콜렉션 from 차이나타운

먹는 거만
좋아하는
여인 같지만!
사실임ㅋ
훗...
알고 보면
우아한 여인임ㅎ
이런 것도 모아요
어떤 건 5천 원~ 싸고요
어떤 건 3만 원~ 쯤 비싸고요
가격 다양
품질 다양
난
싼 게
좋더라
쪼꼬매서
완전
귀여워요
진짜
작구나
ㅣㅣㅣ라고는 하지만
평소엔 걍 큼직한
머그컵 쓰는 1인 ㅋ
감질나서-.-

인천 차이나타운, 어떻게 찾아갈까?

지하철 1호선 인천역 1번 출구 이용. 역 광장 맞은편에 차이나타운 입구가 있다.

볼 것, 먹을 것

• 한중문화관

http://www.hanjung.go.kr/
인천 중구 제물량로 238. 인천중부경찰서 건너편에 위치. 다양한 전시와 공연 등 문화 체험을
하기 좋다. 미리 홈페이지에서 일정을 체크하자.

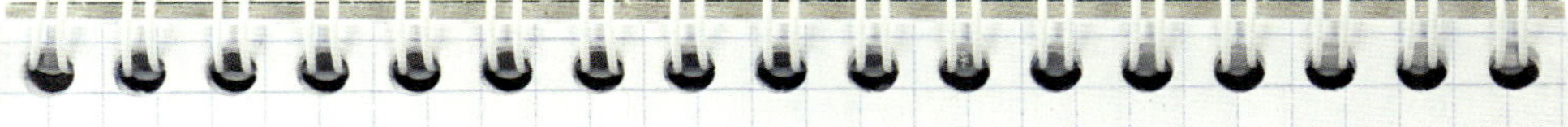

• 짜장면 박물관

http://www.icjgss.or.kr/jajangmyeon/
인천 중구 차이나타운로 56-14. 북성동 주민센터 근처.

• 복래춘

인천 중구 차이나타운로 55번길 20-1. 짜장면 박물관 뒷편 언덕길을 170미터가량 오른다.
인천 근대 박물관을 지나면 금방이다.

• 루나씨 키친

인천 중구 차이나타운로 55번길 6. 복래춘으로 가는 언덕길에 위치. 매우 가깝다.

• 원보

인천 중구 차이나타운로 48. 차이나타운 메인 거리에 위치해 있어 찾기 쉽다. 元寶라는 한자
간판을 찾을 것.

• 십리향

인천 중구 차이나타운로 50-2. 원보에서 도보로 1분 거리. 갈색 나무 간판에 금색으로 十里香
이라고 써 있다.

이태원 2 *Itaewo*

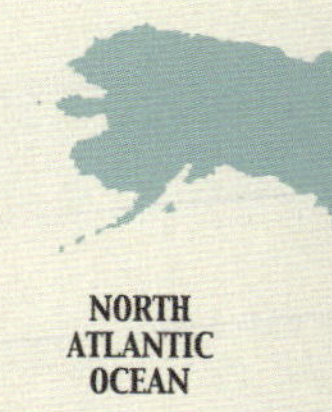

많은 나라의 다양한 음식들을 먹어왔다고 자부하지만 세계지도를 들여다볼 때마다 새삼 깨닫는 사실이 있다. 아직 한 떨기 우물 안 개구리라는 것. 가보지 못한 땅과 맛보지 못한 음식, 만나지 못한 문화들이 여전히 이렇게 많이 남아 있으니 말이다. 그중에서도 유난히 몸의 거리뿐 아니라 마음의 거리까지 멀게 느껴지는 곳이 있다. 바로 광활한 아프리카 대륙이다. 언제쯤 가볼 수 있을진 알 수 없으니 일단은 밥부터 먹어봐야지. 아프리카 음식을 먹으려면 어디로? 이럴 땐 역시 이태원이 가장 빠르고 쉬운 답이다. 설렘 반, 두려움 반, 일단 출발!

콩 한 접시

아프리카의 밥, 푸푸

나이지리아 에그우시 수프

이런 음식은 생전 처음이야! – 이태원 아프리카 거리

많은 나라의 다양한 음식들을 먹어왔다고 자부하지만 세계지도를 들여다볼 때마다 새삼 깨닫는 사실이 있다. 아직 한 떨기 우물 안 개구리라는 것. 가 보지 못한 땅과 맛보지 못한 음식, 만나지 못한 문화들이 여전히 이렇게 많 이 남아 있으니 말이다. 그중에서도 유난히 몸의 거리뿐 아니라 마음의 거리 도 멀게 느껴지는 곳이 있다. 바로 광활한 아프리카 대륙이다. 언제쯤 가볼 수 있을진 알 수 없으니 일단은 밥부터 먹어봐야지. 아프리카 음식을 먹으려 면 어디로? 이럴 땐 역시 이태원이 가장 빠르고 쉬운 답이다. 설렘 반, 두려움 반, 일단 출발!

지하철 6호선 이태원역 3번 출구 근처 이화시장길은 본래 이름보다 별명으 로 더 유명하다. '아프리카 거리'라는, 입에 착 붙는 별명이다. 특히 나이지 리아 사람들이 많은데 국내 거주 나이지리아인들의 이미지는 사실 그다지 좋지 못하다. 간단히 인터넷 검색만 해봐도 대부분 불법 체류자라더라, 범 죄자들이 우글우글하다더라, 마약 밀매와 관련되어 있다더라 등등의 흉흉 한 소문을 접할 수 있다. 그렇게 이곳저곳에서 주워들은 이야기들이 아프리 카 거리로 향하는 발목을 자꾸만 붙잡는다. 하지만 남의 말만 듣고 판단할

여긴 뭘 하는 곳? 문 앞에 다 쓰여 있어요.

수는 없지. 직접 가보는 게 최고다. 지하철 3번 출구 바로 앞, 이태원 파출소 뒤편의 낡은 건물 2층이 오늘의 목적지다. 아프리카 거리의 핵심 역할을 한다는 흥미진진한 그곳! 건물 입구 유리문엔 2층에 입점해 있는 가게들 이름이 몽땅 붙어 있는데 어디 보자, 빅 사이즈와 스몰 사이즈 의류, 힙합 의류, 저렴한 항공권, 아프리카 음식, 미용실과 화장품 가게 등이 있단다. 처음부터 끝까지 전부 영어다. 이것만 딱 떼어놓고 보면 여기가 어느 나라인지 알 수 없을 정도.

사이사이 전단지도 다닥다닥 붙어 있는데 모두 기독교 행사 홍보물이다. 용산구 이태원동과 보광동 두 지역에만 해도 예닐곱 군데 이상의 아프리카인

전용 교회가 있다. 이태원 이슬람 사원을 중심으로 무슬림들이 모여들듯이 이곳 아프리카 거리에선 몇몇 교회가 그런 역할을 하는 것이다(물론 아프리카 출신 무슬림들은 이슬람 사원에 모인다). 서울 곳곳, 경기도 일대의 공업단지 등에서 일하다 주말이면 이곳으로 와 시간을 보내는데, 외국 이민자들은 경제 사정이 좋지 않을수록 더욱 뭉치는 경향이 있다고 한다. 혼자보다는 여럿이 나은 법, 도움을 주고받기 위해 커뮤니티를 형성하는 것이다.

그저 아프리카 음식 맛이 궁금해서 놀러 온 것뿐인데 건물 입구에서부터 생각이 많아지는구만. 얌전히 2층으로 올라가 본다. 이야, 커다란 힙합 의상들을 잔뜩 걸어놓은 옷가게, 드레드 파마 전문이라고 써 붙인 미용실과 화장품 가게가 제일 먼저 눈에 들어온다. 미용실 안을 힐끔 들여다보니 화려한 옷차림의 젊은 흑인 여성 미용사가 굉장히 큰 손으로 손님의 머리를 가닥가닥 가늘게 땋고 있다. 아니, 저 큰 손으로 어쩜 저렇게 섬세한 작업을 할까? 신기해라. 그나저나 식당은 대체 어디야? 2층을 한 바퀴 돌아봤지만 어째 보이질 않는다. 잘못 찾아왔나 싶어 다시 한 번 두리번거리니 이런, 바로 눈앞에 있는데도 지나쳤구나. 별 장식 없는 휑한 흰색 벽, 테이블 몇 개, 텔레비전(CNN 채널에 고정되어 있다)이 전부인 공간이라 눈에 띄지 않은 것이다. 바로 '해피 홈 레스토랑'Happy Home restaurant, 멋진 이름이네!

자리에 앉으니 메뉴판 겸 광고 전단지를 한 장 준다. 사실 문을 열고 들어올 때부터 은근히 긴장을 하고 있었는데 다들 생각보다 친절하다. '여기 처음 왔어요?'라고 우리말로 묻기에 네, 하고 대답하니 이것저것 추천을 해준다. 모든 메뉴가 항상 준비되어 있지는 않다며 오늘 주문 가능한 음식들을 콕콕 찍어준다. 그런데 메뉴 속 음식 사진들이 하나같이 생소한 모습이라 대체 뭘 먹어야 할지 망설여진다. 우선 콩 요리부터 주문. 음식 이름이 그저 bean, 즉 콩인지라 웃음이 나온다. 그냥 그렇게만 써놓으면 어떡하라구요! 거기에 두 가지 음식을 더 골랐는데, 하얀색의 떡 같은 덩어리와 국물이 함께 나오는 메뉴, 그리고 쌀밥과 불그죽죽한 색의 고기 스튜가 함께 나오는 메뉴다. 사진을 보며 맛을 상상해보지만 영 감이 잡히지 않는다. 어이쿠야.

이름도 콩, 내용물도 콩. Bean 요리 한 접시.

드디어 문제의 콩 등장. 부드럽게 푹 익힌 콩이 접시 한 가득 담겨 나온다. 맛을 보니 역시 콩은 콩, 익숙한 그 맛이다. 토마토와 파프리카 가루가 들어가 색이 불그죽죽하고, 후추와 커민 등의 향신료를 넉넉히 넣어 알싸하고 화하다. 기름을 두른 팬에 다진 양파와 마늘, 커민이나 커리 가루를 넣고 볶다가 토마토와 물을 넣고 버글버글 끓여 익혀 소스를 만든다. 여기에 미리 밤새 통통 불려놓은 콩을 듬뿍 넣고 녹진녹진해질 때까지 오븐에서 익히면 완성. 콩은 주로 동부콩을 쓴다고.

콩 요리가 입에 잘 맞아 맛있게 냠냠 먹고 있으니 이번엔 푸푸fufu와 에그우

우리에게 밥이 있다면 아프리카엔 푸푸가 있다. 어디, 한입!

시egusi 수프가 나온다. 이름부터 마냥 생소하다. 푸푸는 어른 주먹만한 크기의 하얀 덩어리인데 밥이나 빵의 역할을 하는 음식이다. 즉 탄수화물 덩어리라는 얘기다. 웨이터 아저씨의 영어 반, 우리말 반 설명에 의하면 얌이나 카사바 가루를 뜨거운 물로 익반죽한 다음 찐 것이라는데 그 가루의 입자가 곱다 보니 아작아작 씹히는 맛이 부족한 편이다. 시루떡마냥 증기로 쪄내어 쫀득한 찰기가 있고 맛은…… 음…… 그냥 맹맛이다. 약간의 소금간조차 되어 있지 않은 맹맛. 하긴, 우리도 밥을 지을 때 딱히 간을 하진 않지. 푸푸는 서아프리카와 중앙아프리카 여러 나라에서 두루두루 먹는 음식으로 카사바라

오른손으로 푸푸를 뜯어 씹지 않고 꿀꺽~ 아프리카 매너교실.

든가 얌, 또는 플란테인(녹색 바나나)처럼 전분이 많이 함유된 뿌리 채소와 과일을 푹 삶아 익힌 다음 절구에 넣고 공이로 쿵쿵 찧어가며 찰지게 만든다. 국내의 아프리카 식당에서는 신선한 재료 수급이 쉽지 않아 가루를 사용하는 것이라고. 몇 년 전 중남미의 작은 독립국가 벨리즈를 여행할 때 아프리카 출신 흑인들이 모여 사는 가리푸나 지역에서 플란테인으로 만든 푸푸를 먹어보았더랬다. 그곳에서는 후두트hudut라는 이름으로 불렀지만 재료도 만드는 방법도 모두 푸푸와 쌍둥이처럼 닮았다. 그럼 요 푸푸를 어떻게 먹느냐, 오른손 손가락으로 조그만 덩어리를 톡 떼어낸 다음 수프 국물에 콕 찍어서 먹으면 된다. 간단하죠? 그런데 함정이 있다. 반드시 오른손만 사용할 것, 그리고

242

에그우시 수프. 나이지리아를 대표하는 음식 중 하나.

우적우적 씹는 대신 혀로 부드럽게 으깨다 꿀꺽덕 삼킬 것. 그게 매너란다.

재미있네! 이런 독특한 식습관과 예의범절은 어느 문화권이든 어느 정도씩

은 다 있는 모양이다. 우리나라만 해도 젓가락질 하나 가지고 가정교육을 논

하니 말이다.

푸푸와 함께 나온 에그우시 수프는 모양만 봐선 꼭 라면 국물에다 계란 하

나 톡 깨 넣고 휘휘 저어 익힌 것 같다. 노란색 국물에 벌그죽죽한 기름과 희끄무레하고 자잘한 가루 뭉친 것이 둥둥 떠 있다. 안에는 푹 익힌 쇠고기 사태 한 덩어리가 들어 있어, 아하 요거 쇠고기국물로 끓인 수프겠구나 생각했지만 맛을 보니 북어 비슷한 생선 육수의 맛이 난다. 약간의 생선 비린내와 기름 쩐내가 나는 게, 솔직히 말해 즐겁고 신나는 맛은 아니다.

그나저나 에그우시라는 게 대체 뭐지? 웨이터 아저씨는 펌프킨, 즉 호박이라고 대답하지만 카운터를 지키고 있던 다른 아저씨는 멜론이란다. 둘 중 누가 정답일까? 휴대폰을 꺼내 후다닥 검색을 해보니 정말 호박과도, 멜론과도 좀 비슷한 데가 있는 채소로 나이지리아가 원산지란다. 길쭉한 흰색 박처럼 생겼다. '한국 펌프킨은 초록색인데 우리 펌프킨은 하얀색이에요.' 옆에서 함께 휴대폰 화면을 들여다보던 웨이터 아저씨가 한 마디 거든다.

그래서 이 흰색의 에그우시를 어떻게 먹느냐, 과육은 버리고 속에 든 씨앗만 먹는단다. 우선 잘 말린 씨앗을 곱게 갈아 가루를 내놓고, 뜨겁게 달군 프라이팬에 기름(주로 팜유)을 두른 후 에그우시 가루를 넣어 달달 볶다가 생선 육수를 부어서 보글보글 끓여 만드는 게 바로 지금 먹고 있는 에그우시 수프다. 나이지리아에서 제일 흔하게 먹는 음식 중 하나라니 우리나라로 치면 된장찌개 같은 존재일지도 모르겠다. 뿐만 아니라 서아프리카의 여러 나라에서도 두루두루 먹는다고. 주재료가 씨앗이니 지방과 단백질의 함량이 높아 영양 보충에도 큰 도움이 된다. 입에는 잘 맞지 않아 좀 아쉽지만 모양도 이름도 신기한 에그우시를 먹어보았다는 데 의의를 두어야지. 이렇

◀ 한 상 차림. 접시도 음식도 좀 밋밋한 느낌이다.
▶ 계산서도 물론 영어. 얼마예요?

게 경험치가 한 단계 상승!

그다음 요리인 스튜는 상대적으로 맛이 꽤 괜찮다. 콩 요리처럼 이것 역시 메뉴에는 달랑 stew라고만 쓰여 있을 뿐이라 대체 무슨 맛일지 좀 긴장했는데 다행이다, 하하하. 아주 진하고 시뻘건 색의 국물에 푹 익힌 사태 덩어리가 들어 있는데 빨갛긴 하지만 맵진 않다. '토마토 페이스트 넣었어요'라고 아저씨가 설명을 해준다. 아까부터 호기심 어린 눈으로 주시하다 슬쩍슬쩍 한 마디씩 던져주는 이분, 친절하구만. '이거 맛있네요!'라고 하니 흐뭇한 미소를 짓는다. 후추를 굉장히 많이 넣었는지 입이 얼얼한데, 찰기 없는 길쭉한 쌀로 지은 밥과 함께 먹으니 얼추 간이 맞는다.

보기 좋은 떡이 먹기에도 좋다고, 식기류라든가 음식의 담음새가 조금 아쉽지만 새로운 경험을 한 것에 만족해하며 밖으로 나왔다. 뒤쪽 골목길로 걸어

평범해 보이는 골목이지만 실은 아프리카인들의 아지트.

아프리카 식당과 생활용품점,
미용실, 술집 등이 있다.

들어간다. 낡고, 약간은 껄렁껄렁한 분위기의 골목길이다. 멋진 식당과 카페,
화려한 상점들이 속속 들어서는 이태원이지만 그래도 여전히 구석구석 요런
골목들이 남아 있는것이다. 해피 홈 레스토랑 외에도 아프리카 음식을 전문
으로 하는 식당들이 두어 곳가량 더 있는데 가게 밖에 붙여놓은 메뉴를 훑어
보니 음식 종류는 엇비슷해 보인다. 카메라를 들고 촌년마냥 두리번거리며
천천히 걷고 있으니 길에 서서 잡담을 나누던 흑인들이 얘는 뭘까, 하는 눈으
로 쳐다본다. 경계한다는 느낌이 들기도 한다. 주한미군들로 가득하던 이태
원 거리는 9.11 테러 등의 사건으로 미군의 부대 밖 외출이 한동안 통제되면

서, 그리고 평택으로 부대 이전이 확정되면서 서서히 타 국가 출신 외국인의 비율이 높아졌다. 그중 아프리카인들은 이태원 파출소 뒤편의 아프리카 거리로 모여들었다. 나이지리아 대사관이 근처에 있는 것도 한 이유다. 현재는 불법 체류자의 비율이 상당히 높아 정확한 수를 집계하는 것도, 국적을 파악하는 것도 어렵다고 한다. 조금 더 열린 분위기, 밝은 공간에서 다양한 문화를 맛보고 싶지만 아직 갈 길이 멀다.

Travel Tip

나이지리아

서아프리카에 위치한 공화국으로 아프리카에서 가장 인구가 많은 나라이다. 수도는 아부자. 한 나라 안에 250개 이상의 부족이 거주하고 있어 민족분쟁이 잦다. 인구의 절반이 무슬림, 나머지 절반은 기독교 신자이다. 민족 구성만큼이나 다양한 요리가 특징인데 향신료와 허브를 넉넉히 사용하고 특히 매운 맛이 나는 후추를 자주 쓴다.

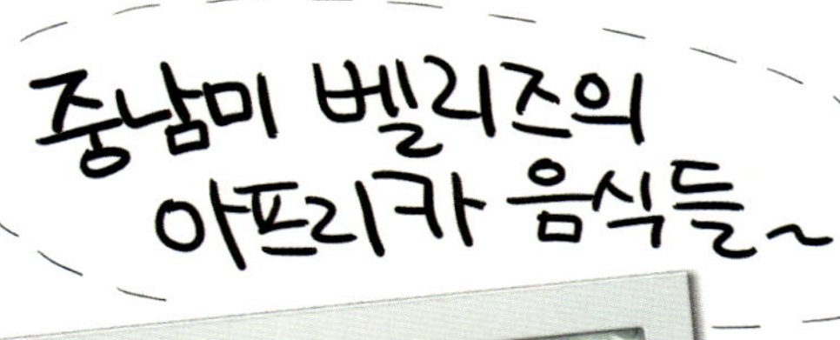

재료는 달라도 한결같은 느낌~전통음식은 포기할 수 없죠!

이태원 아프리카 거리, 어떻게 찾아갈까?

지하철 6호선 이태원역 3번 출구 앞 이태원 파출소 뒤편의 좁은 골목길 일대.

볼 것, 먹을 것

• 해피 홈 레스토랑

용산구 보광로 60길 7. 지하철 3번 출구 앞 이태원 파출소 뒤편 고시원 건물 2층. 빈(콩)과 스튜가 무난한 선택일 듯. 나이지리아 전통 음식인 에그우시 수프에도 도전!

REGGAE

명동 Myeong-dong

온 사방이 화려 번쩍한 그곳, 한 바퀴 돌고 나면 정신이 쏙 빠지는 그곳, 여기가 우리나라인지 외국 어드메인지 헷갈리게 만드는 그곳, 바로 명동! 큰길은 물론 사이사이 좁은 골목까지 가득 찬 수많은 사람들 중 과연 한국인은 얼마나 있을까 싶을 정도로 다양한 국적의 외국인 관광객들에게 인기가 많은 곳이다. 그러다 보니 가게세도 엄청나게 높아져 오랫동안 명동 거리를 지켜오던 상점들이 언제부턴가 온갖 화장품 매장이며 프랜차이즈 카페에 자리를 내주고 있어 아쉬울 따름이다. 특히 화장품 매장들의 기세가 대단한데, 얼굴만 봐도 1초 안에 국적 파악이 가능한지 일본어와 영어, 중국어 등 여러 언어를 순식간에 휙휙 바꿔가며 호객을 하는 직원들을 보고 있노라면 절로 감탄이 나온다. 대체 몇 개 국어를 하는 거야?

산동교자 물만두!

속이 꽉 찬 십경월병

고기, 오이, 짠슬의 조화 오향장육

대사관 앞엔 뭐가 있을까? – 명동 콴챈루

여기 명동 맞아요? 한적하고 조용한 골목.

온 사방이 화려번쩍한 그곳, 한 바퀴 돌고 나면 정신이 쏙 빠지는 그곳, 여기
가 우리나라인지 외국 어드메인지 헷갈리게 만드는 그곳, 바로 명동! 큰길은
물론 사이사이 좁은 골목까지 가득 찬 수많은 사람들 중 과연 한국인은 얼마
나 있을까 싶을 정도로 다양한 국적의 외국인 관광객들에게 인기가 많은 곳

이다. 그러다 보니 가게세도 엄청나게 높아져 오랫동안 명동 거리를 지켜오던 상점들이 언제부턴가 온갖 화장품 매장이며 프랜차이즈 카페에 자리를 내주고 있어 아쉬울 따름이다. 특히 화장품 매장들의 기세가 대단한데, 얼굴만 봐도 1초 안에 국적 파악이 가능한지 일본어와 영어, 중국어 등 여러 언어를 순식간에 휙휙 바꿔가며 호객을 하는 직원들을 보고 있노라면 절로 감탄이 나온다. 대체 몇 개 국어를 하는 거야?

그런데 이 정신 없는 명동 큰길에서 안쪽으로 몇 걸음만 걸어 들어가면 분위기 급반전! 묘하게 조용한 골목길이 하나 나온다. 일명 콴챈루官前街다. 여기만큼은 옛날, 그러니까 최소한 90년대 초중반의 모습을 어느 정도 간직하고 있어 왠지 반가워진다. '옛 모습 그대로'라는 말은 사실 낡고 퇴색되었다는 의미이기도 하지만 한편으론 안정감과 따스함을 주기도 한다.

어쩌다 이 금 덩어리마냥 비싼 명동 땅에 요런 골목이 얌전히 남아 있는 것일까? 분명 많은 사람들이 가게를 오픈하려 눈독들였을 텐데 말이다. 이유인즉슨 이 골목의 오래된 가게 부지가 전부 중국령이기 때문이라고. 아니, 서울 한복판에 웬 중국령? 알면 알수록 더욱 복잡해지는데? 비밀은 이 골목의 별명 '콴챈루'에 숨어 있다. 콴챈루의 콴官은 관청, 즉 중국 대사관을 뜻하고 챈루前街는 앞길을 뜻하니 합치면 중국 대사관 앞길이 된다는 사실. 현재는 옛 건물을 허물고 새로 짓고 있는데(2014년 초 완공 예정) 무려 24층, 주한 대사관 중에서도 최대 규모다. 우리나라를 찾는 중국인 관광객이 점점 늘어나고 있는데다 명동이 필수 관광코스다 보니 명동에 자리 잡은 화교들의 파워는 좋든 싫

든 지금보다 더 세지겠지?

화교華僑란 중국 국적을 갖고 있는 외국 거주자를 뜻하는 단어로 청나라 말기인 1909년에 생긴 공식 명칭이다. 1882년 임오군란 때 인천항을 통해 조선에 입국한 청나라 군대와 상인 수십 명이 아예 인천에 자리를 잡고 장사를 하기 시작한 것이 국내 화교의 시초라고. 그들 중 일부는 그 자리에 남아 인천 선린동 차이나타운의 터줏대감이 되었고 나머지 화교들은 우리나라 방방곡곡으로 퍼져 나갔다. 대만 대사관이 있던 명동 골목에도 적지 않은 화교들이 모여들어 음식점을 비롯한 이런저런 장사를 시작했다. 1992년 한중 수교로 대만 대사관이 폐쇄되고 대신 중국 대사관이 문을 연 후 지금까지도 화교들에게 이 주변 가게터를 저렴한 임대료에 거의 영구 임대를 해주고 있다고. 이곳 콴챈루 골목의 중국 식당들은 최소 40년 이상 된 노포가 대부분이다. 참 오

산동교자와 도향촌. 나란히 서 있는 콴챈루의 터줏대감들.

래되었구나! 밤사이 획획 바뀌어 있을 정도로 변화가 심한 명동에 이런 오랜 역사의 식당들이 꿋꿋이 버티고 있다는 건 반가운 일이다.

그럼 그 오래 되었다는 중국 식당들 구경 좀 해볼까? 빨간색 간판과 한자, 소박한 홍등 장식이 은근히 분위기를 돋운다. 대부분 산둥성 출신 화교들이 운영하는 곳인데, 콴챈루뿐 아니라 국내 거주 화교의 상당수가 황해와 접한 산둥성에서 이주해 온 사람들이다. 청나라 말기인 1900년, 의화단이 북청사변을 일으키면서 산둥성 일대가 쑥대밭이 되어 수많은 사람들이 피난길에 올랐는데 그중 많은 사람들이 인천항을 통해 우리나라로 들어왔던 것. 그런데 이 산둥 요리가 드넓은 중국 땅에서도 8대 요리 중 하나로 꼽힐 만큼 맛난다는 사실! 명나라와 청나라 때의 황실 요리사들은 거의 다 산둥 출신일 정도였다니 말만 들어도 설렌다. 지금의 베이징 요리 역시 황실의 입맛을 꽉 잡고 있던 산둥 요리의 영향을 크게 받았다니, 이쯤 되면 중원을 평정했다고 해도 되겠지? 아이고, 배가 점점 더 고파오네. 얼른 맛있는 음식을 먹어야겠다.

해물요리로 유명한 '회빈장'이라든가 옛 맛 그대로의 짜장면을 먹을 수 있는 40년 전통 '개화', 산둥 요리뿐 아니라 우육면 등의 대만 요리도 하는 '향미' 등 어느 식당에 들어가든 어지간한 맛이 보장된다.

그중 고향 땅의 이름을 그대로 따온 '산동교자'에 들어간다. 콴챈루의 중국 식당들 가운데서도 가장 사랑받는 곳인데 운 좋으면 한 번에 들어갈 수 있지만 주말, 특히나 식사 때라면 줄을 서서 한참을 기다려야 하는 인기만발 식당이다. 그러다 보니 합석은 기본. 뭐, 맛있기만 하다면야 그쯤이야 오케이. 중

◀ 오랜 단골 어르신들이 많다.
▶ 고기와 오이, 파, 짠슬의 조화. 오향장육의 매력.

국 본토와 홍콩 등에선 합석 문화가 일반적이니 로마에 온 기분으로 로마법을 따라볼까? 벽에 붙은 메뉴판엔 다양한 음식이 가득하지만 이 집에선 역시 오향장육과 물만두다. 이 두 가지는 식당 밖 유리창에도 써 붙여놓았을 정도인 대표 메뉴. 거기에 덴뿌라까지 추가하면 완벽하다. 돼지고기 튀김인 덴뿌라는 얼핏 봐선 탕수육과 별 차이가 없지만 소스 대신 소금에 콕 찍어 먹는 맛이 일품이다. 고기에 간이 삼삼하게 배어 있으니 맥주 안주로도 끝내준다는 사실. 덴뿌라는 나중에 한잔할 때를 위해 아껴두고 오늘은 두 가지만 주문한다. 우선 오향장육부터. 오향五香이란 중국 음식에 널리 쓰이는 다섯 가지 향신료를 뜻하는데 산초, 팔각, 회향, 정향, 계피가 그 주인공이다. 지역별로 약간의 차이는 있지만 대부분 이 다섯 가지 재료를 적절한 비율로 섞어 곱게 가루를 내어 쓰는 게 보통이다. 중국, 홍콩, 대만 등은 물론 동남아시아 여러

258

나라의 슈퍼마켓 향신료 코너에서도 요 오향 가루를 쉽게 찾을 수 있다. 캬, 이게 또 얼마나 근사한 향기를 내뿜는지! 온갖 중국 요리에 두루두루 쓰이는데 특히 오리나 닭, 돼지 등 다양한 육류와 만났을 때 그 맛을 더욱 끌어올려주는 역할을 하니 사랑하지 않을 수 없다. 산동교자의 오향장육에서도 향긋한 오향의 냄새가 솔솔 피어오른다. 우선 기름기가 없는 돼지 살코기 덩어리를 면실로 단단하게 잘 묶어 준비하는데, 뭐니뭐니해도 오향장육엔 아롱사태 부위가 최고다. 요리를 하

향긋한 오향과 새콤한 소스맛에 절로 젓가락이 간다.

는 사이 살코기 사이사이에 박힌 질긴 힘줄 속 젤라틴 성분이 서서히 쫀득하게 녹아내려 퍼진 덕분에 오래 삶아도, 차게 식혀도 퍽퍽해지지 않는다. 고기는 일단 한 번 끓는 물에 버르르 데친 다음 간장과 생강, 마늘, 대파, 독한 이과두주, 오향 가루 등을 섞은 양념 국물에 넣어 오랜 시간 익힌다. 이때 사용하는 간장은 로추老抽라는 중국 간장인데 우리나라의 간장보다 짠맛은 덜하고 단맛이 강한 편이라 달짝한 조림 요리를 만들 때 쓸모가 많다. 차갑게 식혀 얇게 썬 고기 아래엔 상큼한 오이가 듬뿍, 위에는 알싸한 파채가 듬뿍. 다진 마늘을 왕창 넣은 새콤한 소스에 오이와 고기, 파채를 버무려 한입 가득

산동교자의 인기 메뉴, 물만두도 추가요!

◀ 도향촌 입구 장식물. 중국 분위기가 물씬.
▶ 저 문 안쪽에서 월병을 만들고 있다.

밀어넣고 우물우물 씹으면 그 향이, 그 맛이 아주 그냥…… 아이고, 침 좀 닦고 계속 써야겠다.

크고 둥그런 접시 한켠의 시커먼 묵 같은 것은 짠슬이다. 오향장육 고기를 삶은 육수를 식힌 것인데 고기의 젤라틴 성분이 빠져나와 묵처럼 말캉말캉하게 굳은 것이다. 고기맛과 양념맛이 함께 배어 있어 요것만 먹어도 오향장육의 맛을 느낄 수 있을 정도다. 짭짤 간간하니 고기와 오이 위에 작은 짠슬 조각을 올려 함께 먹으면 딱 좋다. 고기도 짠슬도 모두 시간과 정성, 무엇보다 손맛이 필요한 음식들. 차가운 오향장육에다 따끈한 물만두도 한 접시 추가하면 딱 좋다. 물만두 역시 오향 냄새를 솔솔 풍기는데, 만두피가 도톰하고 쫄깃해 금세 접시를 뚝딱 비우게 된다. 맛있네, 맛있어, 하며 열심히 젓가락질을 하는 동안 손님들이 끊임없이 들며 난다.

이번엔 달달한 디저트 차례. 멀리 갈 필요도 없이 딱 바로 옆집으로 들어간다. 월병 전문점 '도향촌'이다. 그냥 오래된 게 아니라 오오오래된 곳. 50년 가까운 역사의 노포다. 아담한 가게 안에 금빛 한자가 큼직하고 멋드러지게 쓰여 있는 새빨간 과자 상자들이 가득하다. 중국 남송시대부터 이어진, 역시 오오오래된 음식인 월병月餠. 월은 달을 뜻하고 병은 떡이나 과자를 뜻하는데, 보름달이 둥실 떠오르는 중추절에 먹는 둥그런 모양의 맛 좋은 과자다. 우리가 추석에 송편을 먹듯 중국인들은 월병을 먹고 주변에 두루 선물도 한다. 중국 본토의 선물용 월병은 보통 지름이 10센티미터가량, 두께가 4~5센티미터 정도 되는데 모양틀에 반죽을 채워넣어 무늬를 쿡 찍어낸 다음 겉면에 달걀노른자를 꼼꼼히 발라 구워낸다. 성인 남성의 손 안에 꽉 차고 넘칠 정도로 커다란 크기, 헉 소리 나게 묵직한 무게, 거기다 멋드러진 무늬까지 새겨져 있으니 한마디로 말해서 되게 폼 나는 과자다. 이걸 그냥 우물우물 베어 먹느냐, 그럼 멋이 없겠지? 케이크를 자르듯 신경 써서 잘 잘라 향긋한 중국차와 함께 폼 잡고 먹어야 제 맛.

중추절을 앞둔, 초가을 무렵의 중국은 그야말로 월병 열풍이다. 그 시기에 여행을 갔다가 지하철역이고 길거리고 간에 온 사방이 온갖 제과회사의 월병 광고로 도배가 되어 있는 것을 보며 놀랐더랬다. 백화점과 마트는 물론 동네 슈퍼마켓과 크고 작은 식당 등에서도 화려한 포장의 월병 상자를 엄청나게 쌓아놓고 어찌나 열심히 판촉 활동을 하던지! 우리나라 역시 명절이면 식용유며 참치캔 세트에서부터 오만 가지 비싼 선물세트까지 온갖 것들을 쌓아두고 팔지만 중국의 월병 열풍은 더하면 더했지 절대 뒤지지 않는다. 그만큼 중국인들에겐 중요한 음식이다. 생김새와 크기도 다양하고

안에 들어가는 재료 역시 별게 다 있는데, 달게 조린 붉은 팥이나 연꽃 씨앗을 곱게 거른 앙금, 고소한 견과류와 달콤하고 쫄깃한 마른 과일 등 얘기만 들어도 고것 참 맛있겠구나 싶은 것도 있지만 대체 무슨 맛이 날지 의아한 재료도 있다. 특히 소금에 절인 오리알 노른자가 통째로 들어가는 경우가 많아 달콤짭짤한 동시에 구리구리한 맛이 섞여 뭔가 좀 묘하다. 달달한 월병 속에 이게 무슨 테러인가 싶지만 요 노랗고 둥근 노른자가 풍요로운 보름달을 상징한다니 중추절 음식다운 재료가 맞구나 하며 수긍하게 된다. 하지만 익숙해지기 전에는 사실 좀 당황스러운 맛. 여행 선물 삼아 잔뜩 사다 주변에 쫙 돌렸다가 생각보다 시원찮은 반응에 좌절했더랬다. 다들 전화와 문자 메시지로 '야, 네가 준 과자 속에 이상한 게 들었어!'라고 했던 기억이······.

잠깐, 그럼 도향촌의 월병도 그런 것 아니냐고? 다행히 이곳에선 우리나라

도향촌에 오셨다면 이건 꼭 드셔야죠~. 속이 꽉 찬 십경월병!

사람의 입맛에 맞는 재료들로 만들기 때문에 어떤 걸 골라도 부담 없이 맛있게 먹을 수 있다. 달콤한 팥 앙금, 진한 대추고, 고소한 견과류와 검은깨, 향긋한 말린 과일 등이 듬뿍듬뿍 들어 있는 맛 좋은 월병들! 특히 도항촌에 왔다면 꼭 먹어야 하는 대표 상품이 있는데 바로 '십경월병'이다. 큼직한 월병 안에 해바라기씨와 호두, 잣, 땅콩 등의 견과류와 대추, 청매, 홍매 등의 건과류를 비롯한 약 15가지 재료로 만든 속이 들어 있다. 10년 넘게 이 집을 드나들며 수도 없이 십경월병을 사 먹었는데 그때나 지금이나 맛이 한결같아 안심이 된다. 물론 가격은 서서히 올랐지만. 제일 맛있고 제일 비싸다. 큼직하고 묵직한 게 이거 한 개면 든든한데, 칼로리도 무척 높아 문제지만 일단 맛을 보면 멈추기 쉽지 않다.

한편 십경월병의 강력한 라이벌이 있으니 이름하여 '부용고'. 어르신들은 아마도 부용고를 더 반길 것이다. 달콤한 맛도 맛이지만 녹진하고 보드라우니까. 물론 어르신 소리를 듣기엔 한참 먼 내 입에도 착착 붙는다. 원래 이름은 사치마沙琪瑪다. 중국에서 오리지널 부용고를 사먹으려면 이 이름을 기억해두자. 중국 슈퍼마켓이며 대형마트의 식품매장엔 으레 부용고가 산처럼 쌓여 있는데(과장이 아니다) 가장 기본적인 연노랑색 벽돌 모양은 물론이고 흑설탕을 사용한 것, 설탕 대신 꿀을 사용한 것, 깨를 뿌린 것, 유기농 재료를 사용한 것 등 종류가 다양하다. 게다가 여러 회사에서 경쟁적으로 생산하니 큰 매장의 과자 코너 하나가 몽땅 부용고로 채워지고도 남는다.

부용고는 자세히 보면 퉁퉁 불어 있는 국수발을 네모지게 뭉쳐놓은 것처럼

무려 100년도 더 된 오랜 역사의 화교 학교.

생겼다. 실제로 달걀노른자를 듬뿍 넣어 반죽한 통통한 국수를 삶은 다음 기름에 튀기고 꿀이나 설탕을 듬뿍 뿌려 굳혀 만든다. 만주족의 전통 간식이었던 것이 이제는 중국 어디서든 사랑받는 인기 과자가 되었다. 밀가루와 달걀, 설탕과 기름의 조합은 역시 최고다. 입에도 최고, 살찌는 데도 최고. 어쨌거나 이제는 명절날 제삿상에 오를 정도로 자리 잡은 과자라니 대단하네! 한입 베어 물면 설탕과 꿀이 고루 발린 겉면은 쫀득하고 안쪽은 부드러워 기분까지 사르르 녹아내린다.

그뿐인가, 향긋한 대추고와 팥 앙금이 꽉 차 있는 '장원병'도 일품이다. 너무 달거나 기름지지 않고, 그렇다고 밋밋하거나 퍽퍽하지도 않은 게 절묘하다. 그러니 이 가게가 장수하는 거겠지? 50년 세월을 한 자리에서 쭉 유지할 수 있다는 건 대단한 일이다. 이 집의 월병 맛을 본 지도 어느새 10여

◀ 곳곳에 환전소가 있다.
▶ 1981seoul 스튜디오. 예쁘게 차려 입고 기념사진 한 장!

년, 나름 도향촌의 오랜 단골이라고 으쓱거리지만 월병을 사러 오는 백발의 어르신들 앞에선 깨갱 하며 꼬리를 내리게 된다. 아마도 이곳의 역사와 계속 함께해온 분들일 것이다. 앞으로도 이 자리에 오래오래 쭈욱 남아주었으면.

달달한 월병을 우물거리며 조용한 콴챈루 골목을 살금살금 둘러본다. 대사관과 식당들 못지않은 이 거리의 터줏대감, 화교 학교가 눈에 들어온다. 건물 벽에는 학교 이름인 '한국한성화교소학'韓國漢城華僑小學이 크게 쓰여 있다. 정식 인가를 받아 설립된 국내 최초의 외국인 학교인 만큼 그 역사도 상당히 길다. 지난 2009년 개교 100주년 기념식을 했다니 대단하네!

근처엔 환전소가 있다. 이름하여 '대사관 앞 환전'. 정말 정직한 작명이구만! 몇 년 전까지만 해도 환전이란 건 으레 은행이나 공항에 가야 한다고 생각했는데 이젠 명동 일대에만 해도 사설 환전소가 여러 군데니 새삼 관광객들이 많아진 걸 실감하게 된다. 더불어 관광객들에게 인기 있는 곳이 또 있는데, 바로 '1981 seoul 스튜디오'다. 한국 여행을 온 기념으로 한복과 쪽진 머리, 혹은 화려한 드레스를 차려 입고 멋드러진 사진을 찍을 수 있는 곳. 여행자들에겐 좋은 기념이 될 것이다.

콴챈루 골목을 쭉 걸어 차가 다니는 큰길로 나오면 조금 전까지의 조용하고 고즈넉한, 낡은 듯한 분위기가 순식간에 반전되고 북적북적 시끄러운 명동이 다시 시작된다. 신축 중인 중국 대사관이 본격적으로 업무를 시작하면 이 거리에 또 어떤 변화가 생기려나?

산둥 요리

중국 동부 산둥반도에 위치한 산둥성의 요리는 중국 8대 요리의 하나이자 베이징 궁중 요리의 원형이다. 넓은 농경지와 어촌에서 생산되는 풍부한 식재료 덕에 춘추전국시대 이래로 큰 발전을 했다. 닭, 오리, 돼지족발 등을 재료로 하는 탕과 다양한 해산물 요리가 특징이다. 여러 음식에 파를 많이 이용하기도 한다. 색이 화려하고 선명하며 맛이 담백하고 부드러워 폭넓게 사랑받는다.

오향 五香
영어로는 Chinese five spice
다섯가지 향신료~
회향
팔각
산초
정향
계피
가루 형태로 된 걸 주로 사용하지요~.
MasterFoods
Chinese
FIVE SPICE
30 g
그중에서도! 요 팔각이 포인트임.
Star Anise
국수에도
고기느님에도
요거 한 알 넣으면 '중국맛'이 솔솔 나요~.

명동 콴챈루, 어떻게 찾아갈까?

지하철 4호선 명동역 5번 출구 근처 서울 중앙우체국과 우표 박물관 뒷편 골목길(남대문로) 일대 중국대사관 주변.

볼 것, 먹을 것

• 산동교자

서울 중구 남대문로 52-13. 서울 중앙우체국 건물 주차장 입구 건너편. 오향장육과 물만두가 유명하다. 덴뿌라(돼지고기 튀김)도 일품.

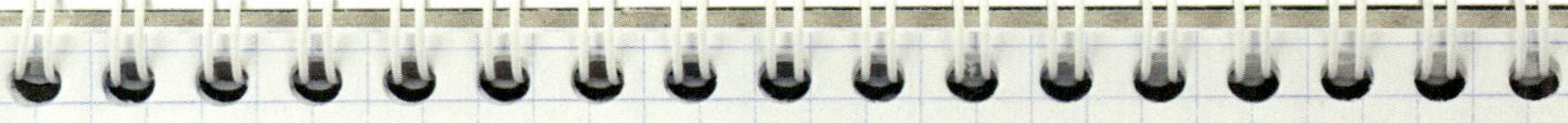

• 도향촌

http://www.dhcmooncake.com
서울 중구 명동2가 83-1. 산동교자 바로 옆집이다. 십경월병과 장원병, 부용고와 호도수 등
대부분의 월병이 하나같이 맛있다.

• 한성화교소학교

http://www.hanxiao.or.kr
서울 중구 명동2길 35. 산동교자 왼편에 입구가 보인다.

미식여행가 신예희가
우리나라에서 낯선 음식 즐기는 법

여행, 잘 먹겠습니다 2

초판 1쇄 발행 2014년 2월 10일
개정판 1쇄 발행 2018년 3월 16일

지은이 신예희
펴낸이 이범상
펴낸곳 ㈜비전비엔피 · 이덴슬리벨

기획편집 이경원 심은정 유지현 김승희 조은아 김다혜 배윤주
디자인 이은주 조은아 임지선
마케팅 한상철 금슬기
전자책 김성화 김희정 김재희
관리 이성호 이다정

주소 우) 04034 서울시 마포구 잔다리로7길 12 (서교동)
전화 02)338-2411 **팩스** 02)338-2413
홈페이지 www.visionbp.co.kr
이메일 visioncorea@naver.com
원고투고 editor@visionbp.co.kr
인스타그램 www.instagram.com/visioncorea
포스트 post.naver.com/visioncorea

등록번호 제2009-000096호

ISBN 979-11-88053-22-3 14980
　　　　979-11-88053-20-9 14980(set)

· 값은 뒤표지에 있습니다.
· 파본이나 잘못된 책은 구입처에서 교환해 드립니다.

이 도서의 국립중앙도서관 출판시도서목록(CIP)은 서지정보유통지원시스템 홈페이지(http://seoji.nl.go.kr)와
국가자료공동목록시스템(http://www.nl.go.kr/kolisnet)에서 이용하실 수 있습니다.(CIP제어번호 : CIP2018007474)